新手小花园：
养花种菜全图解

陈凌艳　吴沙沙
何　菊　陈进燎 ◎编著

U0214765

 海峡出版发行集团
THE STRAITS PUBLISHING & DISTRIBUTING GROUP | 福建科学技术出版社
FUJIAN SCIENCE & TECHNOLOGY PUBLISHING HOUSE

图书在版编目（CIP）数据

新手小花园：养花种菜全图解 / 陈凌艳等编著. —福
州：福建科学技术出版社，2018.10
ISBN 978-7-5335-5650-1

Ⅰ.①新… Ⅱ.①陈… Ⅲ.①花卉 - 观赏园艺 - 图解
②蔬菜园艺 - 图解 Ⅳ.①S68-64②S63-64

中国版本图书馆CIP数据核字（2018）第166979号

书　　名	**新手小花园：养花种菜全图解**	
编　　著	陈凌艳　吴沙沙　何　菊　陈进燎	
出版发行	福建科学技术出版社	
社　　址	福州市东水路76号（邮编350001）	
网　　址	www.fjstp.com	
经　　销	福建新华发行（集团）有限责任公司	
印　　刷	福建彩色印刷有限公司	
开　　本	700毫米×1000毫米　1/16	
印　　张	11	
图　　文	176码	
版　　次	2018年10月第1版	
印　　次	2018年10月第1次印刷	
书　　号	ISBN 978-7-5335-5650-1	
定　　价	48.00元	

书中如有印装质量问题，可直接向本社调换

前言 PREFACE

　　学习和研究园林植物已有好些年头了，这些年我不停地教学生要如何热爱自然，如何正确栽培，却往往苦于无处兑现实践。其实，"有自己的一亩三分田，种上喜欢的花木，在工作之余体味闲暇舒适的农耕生活，在与植物的对话中认识自己、认识生命"一直是我的梦想，但却苦于因为处于事业起步期而没有足够的时间精力和经济实力去实现，于是我便将目光转向了小型花园、阳台的花草果蔬的种植，在这些有限的空间里，遐想着大大的花园世界。

　　后来，我结识了一群有着同样爱好的小伙伴，发现他们比我先行了好多。在他们的花园世界里，我们畅谈各自的愿景，分享各自的经验。我感动于他们的激情和对生活的热爱，感动于他们对花园创作的执着和用心。于是，我就开始记录和收集下他们的分享，集结了有着相同爱好的同事们共谋此书的出版事宜。

　　这本书，将带着怀抱花园梦想的您开启美妙花园的第一扇窗，用简洁的文字和精美的图片为您拼凑您心目中小花园的点点滴滴；并教会您如何用自己的双手种出健康的花草和蔬果。我想有一天，您肯定可以坐在开满鲜花的小花园里品尝着自己种植的蔬果，享受生活的惬意。

　　最后，本书的顺利完成要特别感谢各位编者和编辑的辛勤付出，感谢花友黄晓霞、赵婧、臧小五、流沙、大王、老余、与蓝共舞、深圳米米、陈潇、多肉军、铭花人、@林－氏；感谢福建农林大学园林学院研究生江巧灵、张力、黄艳真、肖宝芳、吴小倩、陶芸等为我们提供的精美照片和案例，为本书锦上添花。

目录 CONTENTS

第二章　养花种菜有技巧

第三章 花香菜美小花园

第一章

花卉蔬菜
小常识

（一）植物的生长

植物是大自然中神奇的生产者，它们能利用光照、空气、水和土壤固定住大自然中的碳，并转化成为碳水化合物，让自己不断生长，同时滋养着其他的生物。在此过程中，植物的每一部分都为其生长、发育、繁殖发挥重要的作用。

🌹 一张图读懂植物

★ 根——固定和吸收

植物的根系是保证植物能够牢牢抓住土壤的重要器官，同时它还负责水分和矿质养分的吸收。根系需要足够的空气保证其进行呼吸作用，因而种植的时候应该给予根系足够的生长空间和疏松的土壤。

★ 叶——光能捕获场

叶片是植物体最重要的能量转化器官，叶片中的叶绿素能够将光能捕获并通过一系列的光合作用转化为有机物。它是植物生长发育所需要的能量来源。

★ 芽——叶还是花您决定

芽是植物生长比较受关注的器官。植物出芽意味着新叶或花的分化，特定的温度、光照，特定的养分和有目的的修剪都能使植物按照我们的意图来生长。

★ 茎——植物的"高速公路"

传输是植物茎最主要的功能，这

植物结构图

健壮的合果芋根系

条"高速公路"的两端分别是叶和根。茎中心的木质部负责自下而上的水分、矿质养分传输，外侧的韧皮部负责自上而下的有机物传输。

★ 花——招蜂引蝶的使者

花是植物履行繁衍使命的重要器官。多数植物在进化的过程中选择了用五彩斑斓的花色和独特的气味来吸引蜂蝶鸟虫帮助授粉；而有些植物则选择用突起的柱头、轻盈的花粉，借助风力完成授粉。

玉簪大大的叶片捕获光照

西洋杜鹃膨大的花芽

花朵和传粉

储存和运输水分的茎

★ 果——种子的摇篮

很多人以为开花结果后植物就完成了繁衍使命，其实还没有。对于一些植物，还需要借助外力把种子带到更远的地方去扎根，所以有鲜艳的果皮、奇特的果实。这样，植物就能借助其他动物、风、水等媒介让自己的子孙到新的环境中扎根生长。

蜡梅的果实

🌹 花卉的分类

常见的花卉植物通常可以分为木本花卉和草本花卉，二者的区别在于木质纤维含量的多寡。木本花卉又可分为乔木、灌木和攀缘木本，草本花卉可按生长年限分为多年生草本和一、二年生草本。其中多年生草本花卉根据地下根系形态特点又可分为宿根花卉和球根花卉。

小贴士　草本花卉的种植

一、二年生草本花卉种植的关键在于种子质量的好坏，发芽率将直接影响开花的量。

多年生草本花卉根系十分重要，无论是宿根花卉还是球根花卉，都要十分关注根系的健康，才能保证年年有花。

宿根花卉石竹

宿根花卉芍药

一、二年生花卉鸡冠花

一、二年生花卉三色堇

一、二年生花卉舞春花

球根花卉水仙

球根花卉风信子

（二）温度：让植物安然度四季

聪明的植物总是会在特定的温度下进行特定的生长发育，如春季温度回升，雨量充沛时植物就开始结束休眠，进入快速生长阶段；夏季充足的阳光

和适宜的温度能够促进花芽分化。一年生花卉必须赶在冬天低温来临之前完成一年生长繁殖的任务，因而秋季就成了收获的季节；寒冷的冬季，植物就放慢了生长的脚步，进入了休眠。在周而复始的适应中，植物不断进化、演替，于是有了不同地区的植物分布。在选择植物时，也应当遵循大自然的规律，选择适合所在地区气候条件的植物来种植，尤其对园艺新手来说，这一点尤为重要。

🌹 遵循植物温度区划，让种植变得简单

所有的植物都起源于大自然，它们的基因中存在着原种的适应性，因而掌握植物的习性，尤其是耐寒性，是植物选择的第一步。在为您的花园添置植物的时候，不妨先了解一下所在地的气候带，并留心观察周边环境中的植物，因为这些露养的植物往往是十分适合在当地种植的。

比如北方的朋友要想在院子里营造热带风情，种上一两株假槟榔或者袖珍椰子，但如果没有温室，这些植物想要过冬是不可能的。

🌹 让冬季不再寒冷

四季的温度变化对植物来说都可能会影响其生长，尤其是面对极端温度的时候更应保护好植物。

正常的四季温度变化对植物的生长周期而言是必要的，但突如其来的寒潮和冬季的严寒很可能会给植物带来毁灭性的伤害。为植物搭设塑料拱棚、玻璃暖房等能避免植物受低温伤害。

★ 温室

使用硬铁丝或竹片做成支架，并将塑料薄膜固定其上，周边用土或石块压实，就建成了一座塑料拱棚。这样的简易温室能为小

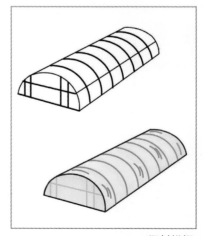

塑料拱棚

小温室

玻璃小暖房

苗争取到保命的几摄氏度。还可以自制玻璃暖房，尤其在干冷地区，玻璃暖房除了保温还有一定的保湿效果。

如果家中有十分名贵的花卉需要越冬，可以购买小型温室，在家就可以轻轻松松帮助爱花爱草们过冬啦！

★ 需要提防这种天气

秋季早霜和春季晚霜最容易使植株遭受冻害。由于秋霜和春霜往往出现在日平均温度较高时，冷空气的突然来临会使得植物猝不及防，无法及时做出对抗低温的准备，就容易受伤。因此如果天气预报要降温，而前一天的夜晚天空晴朗且无风，那就要提防第二天清晨可能会出现霜冻。此时，最好连夜为小苗做好防寒工作。

🌸 娇弱小苗安然度夏

许多植物在炎热的夏季状态都不太好，比如多肉植物。其实，它们是在用休眠的方式保护自己，只要有相对通风遮蔽的环境，就能安然度夏。除了多肉植物，还有春末夏初播种的小苗，若是在夏季遇到

用遮阳网是最简易的夏季遮阴方式

了酷暑，也可能会生长不良。

　　夏季里，轻便简易的凉棚是幼苗和一些娇嫩植物的好去处。但需注意搭盖的凉棚应四面通风。同时，在酷热的天气里，浇水的时间可以推迟至夜间，因为在长时间的高温胁迫下，植物的吸水能力要在夜间才会逐渐恢复。

（三）光照：植物的能量来源

　　植物的光合作用离不开光照，尤其是阳光。在这个过程中，"聪明"的植物利用叶绿素将光能转化为碳水化合物，为其一系列生命活动提供能量。所以光照是不能忽视的重要环境因子。

　　喜光植物：其枝叶比较稀疏，这样能让下层的枝叶充分得到光照；另外许多原产于阳光充沛而又干燥地区的植物通常在叶片上带有银白色或者灰色绒毛，这能使植物在满足充足光照需求的前提下，减少叶片水分的蒸发；喜光的木本花卉往往有厚厚的树皮，能够保护其茎干免受暴晒。

　　喜阴植物：与喜光植物相反，喜阴植物往往枝叶浓密，透光度小。一般来说，同一种植物，花叶品种要比叶片全绿

松树的针形叶及疏透的树形有利于充分利用阳光

的原种更怕晒，因为叶片中叶绿素合成受阻，保护色素含量较低，对紫外线格外敏感，所以漂亮的花叶植物应尽量避免在烈日下暴晒。

小贴士

　　喜阴花卉十分适合室内种植，但大家不要忽略它们的原产地环境。多数喜阴花卉原生于热带雨林的下层，如琴叶喜林芋、竹芋、鹿角蕨等，那里除了环境荫蔽外，空气湿度也很大。因而这类花卉在家庭种植时要适当增加空气湿度。

竹芋类

植物需要阳光

　　★　蔬菜与阳光

　　蔬菜是十分需要阳光的，这就是通常要把蔬菜种在开阔露台或者田间的缘故。充分的光照能够帮助蔬菜积累足够的碳水化合物，也能够让蔬菜更加鲜嫩多汁，回味甘甜。

　　★　花色与阳光

　　高海拔地区的花卉往往花色鲜艳夺目，这与高海拔地区充足的光照资源，尤其是与紫外线有着密切的关系。在紫外线的照射下，花瓣会合成花色苷来

蔬菜爱阳光

阳光下的花色更美丽

保护自己不受强光伤害。叶片中叶绿素含量较高，所以看不出花色苷的颜色；而在花瓣中，美丽的花色苷的颜色就完全呈现出来了。

★开花与光照时长

光照时长是指一天中日照时间的总数，它将影响植物的花芽分化和开花时间。掌握好光照时长对于开花植物的花期调控具有重要意义。除了开花外，植物的休眠、球根形成、节间伸长等也与光照时长有一定关系。根据光照时长对开花的影响可将花卉分为长日照花卉、短日照花卉和中日照花卉这三类。

长日照花卉　每天需要14小时以上连续光照才能实现花芽分化的花卉，如唐菖蒲、鸢尾、水仙、凤仙花等。

短日照花卉　每天需要14小时以上连续黑暗才能促进开花的花卉，如一品红、一串红、菊花等。

中日照花卉　对光照延

唐菖蒲

一串红

续时间反应不甚敏感的花卉，只要温度条件适宜，一年四季都能开花，如月季、茉莉等。

月季

🌹 一日光照要知道

上午阳光 上午9~11点是一天当中植物光合速率最高的时候，所以不妨在清晨为叶片喷洒一些水分，滋润叶片，有利于光合作用。尤其在寒冷的冬日，千万不要错过这一时段的大好阳光。

中午阳光 中午的阳光是一天当中强度最高的，尤其在夏季高温天气，植物容易受到光的抑制。为了有效地保护自己，一些植物在正午时分会出现萎蔫的现象。

下午的阳光也是暖洋洋

这是植物的被迫休眠，一旦光照、温度、水分都恢复到适宜的状态，叶片就会重新舒展开来。

下午阳光 随着太阳西下，光照强度减弱，一些原本萎蔫休眠的植物又重新舒展开，还有一些花卉选择在傍晚时分开始绽放，用沁人心脾的香气来吸引昆虫帮忙授粉。

🌹 不要浪费了荫蔽处

很多人认为荫蔽处不适合种植植物，其实了解了植物的习性，荫蔽处一样可以大有作为。

酢浆草

光照不足使铜钱草叶片变黄

和常年阴暗的角落不同的是，城市里的许多荫蔽处并不是完全没有光线，而是有很多的散射光、折射光。强烈的阳光经过墙体折射后能够使得原本明晃晃的光线变得柔和起来，这样的区域反而能够为一些中性或是喜阴的植物提供合适的生长环境。如何判定某处的光照强度是否适合植物生长呢？一般来说，如果植物缺乏光照，就会出现徒长，叶色发黄，茎秆细弱无力，开花植物还会表现为开花少且小、花色暗淡等现象。

那么，哪些植物适合在这样的荫蔽处生长呢？只要用心观察，就会发现在各种生境下，都有适宜的植物绽放生命的奇迹。如蕨类植物能够在非常微弱的光照条件下生长，当然它们的生长速率比喜阳植物慢得多，但这样反而可以长时间欣赏到它们袖珍美好的一面。

如果您有一个小花园，花园里又恰好有一棵不大不小的乔木，那么这棵小树的树荫下就是阴生植物的王国啦！您可以在这里种植几盆薄荷、凤仙花、酢浆草，或是玉簪，让小花园充满野趣。

（四）水分：给您的植物来杯水吧

水分是植物光合作用的主要原料之一。别看浇水事小，里头的学问可大了！

🌹 判断植物是否缺水

在笔者接触过的"园丁"中不乏两类人，一类是"懒癌"患者，花卉蔬菜刚刚种下的时候，天天光顾小花园，日子久了就开始不闻不问了，也忘了浇水；另一类则是关心过度，生怕植物失水，于是把花与菜都给浇蔫了。

植物是否缺水，大多数人都会通过观察叶子来判定，然而这并不一定准确。

植物缺水导致叶片萎蔫

植物在干旱和水涝情况下都有可能出现叶片皱缩、卷曲的形态，这时不能单从叶片来判定植物是否缺水，而要结合观察盆土、根系状态来判定。如果是水涝引起的根腐，植物根系就不能正常发挥吸收、运输水分的功能，叶片也会因为缺水而皱缩。在这种情况下就不能继续浇水，而要清理受损根系了。

因而，正确的浇水应当根据天气、周边环境、植物生长发育阶段和植物特点来调整。

🌹 浇水的最佳时间

一日间，早晚是浇水的好时机。清晨的温度不高，给植物浇透水并在叶面上适当喷水能够为植物一天的生长需要提供必要的水分，并且能提高空气湿度，有助于提高光合效率；傍晚温度下降，为植物补充水分能够让它们舒舒服服地度过夜晚时光。值得注意的是，中午（尤其是夏季高温天气时），大气高温会传导给植物，植株、根系、土壤都处于比较高的温度，如果突然

果实发育初期

果实发育期

浇水会使植物根系因温度骤降而受损。

　　总体而言，一年之间，春夏季植物的需水量比较大，而秋末至冬季的需水量较小，这和植物生长活动的强度密切相关。一般来说，植物存在着几个需水临界期，在这些时期，它们正在进行特定的生长活动，需要补充大量水分，如果在这些时期没有给予足够水分，即便后期补充再多水分，也无法恢复正常状态。

　　◆植物的几个需水临界期

　　① 春季萌芽前，为落叶树种的树体需水时期。

　　② 花期干旱会引起落花落果，降低坐果率。

　　③ 新梢生长期，温度急剧上升，枝叶生长旺盛，此期需水量最多，对缺水反应最敏感，为需水临界期。

　　④ 果实发育的幼果膨大期需充足水分，也为需水临界期。

量身定制的浇水方案

★ 落叶植物的浇水方案

春季当落叶树开始萌芽时可勤浇水（根据土壤湿度 1~2 日浇水 1 次）；

夏季温度上升，植株和土壤水分蒸发量大，可根据温度每日傍晚浇水 1 次；对于秋季开花结果的植物可以在开花期和坐果期适当增加水分（根据土壤湿度 1~2 日浇水 1 次）；落叶后应适当减少浇水量，可 5~7 天浇水 1 次。

★ 兰科植物的浇水方案

由于多数兰花比较名贵，养护起来有时往往用力过度（如水肥过多），最终反而导致死亡。其实，所谓"养兰一点通，浇水三年功"，兰花养护最重要的就是对水分的把握。不论是国兰还是洋兰，多数为原产于空气湿度较高的林间。国兰的肉质根就具有一定的保水性，能够在比较疏松透水的土壤中生存。所以，家庭养兰一定要注意控水，选择透气透水性好的盆器和培养基质，浇水要做到干透再浇，

热带兰

卡特兰

浇则浇透。一般来说，为兰花浇水需考虑天气和温度因素。在天气持续晴好的春秋季（平均气温在 20~25℃），可 10~15 天浇 1 次水，若遇到雨天，应根据具体空气和栽培基质湿度，增加浇水间隔时间，可 1~5 天浇 1 次水；在天气阴冷的冬季（平均温度在 10℃左右），则 20~25 天浇 1 次水。

君子兰

竹节秋海棠

★ 室内观叶植物的浇水方案

室内观叶植物种类繁多，习性也各异。一般来说，在室内摆放的植物，由于长期处于湿度低、光照弱的环境、常常会出现叶片发黄、长势衰弱的情况。所以除了定期将植物放置室外，还需要合理的浇水。我们可以通过观察植物形态来初步判定它的需水性。叶片或茎秆肉质的植物，如君子兰、虎皮兰、金钱树等，相对耐旱，可以 10~15 天浇 1 次水；而绿萝、铜钱草、白掌等比较喜湿，可以 3~5 天浇 1 次水，平时还可以通过叶片喷水增加空气湿度；其他大多数室内观赏植物，如平安树、杜鹃、

给多肉浇水

秋海棠、金枝玉叶、榕树等，可以1周浇1次水。

★ **多肉植物的浇水方案**

多肉植物也称为懒人植物，因其肉质叶片、茎秆或地下部分具有贮存水分的功能，所以可以耐受较长时间的干旱；如果浇水太过频繁，反而会导致其烂根或烂叶。春秋季可两周浇1次水，冬季可1个月浇1次水，夏季多肉植物进入休眠，这时候不能太频繁浇水。

★ **蔬菜的浇水方案**

给蔬菜浇水总的原则是见干见湿，即要等土壤表层干了才浇水，浇就浇透。蔬菜品种不同，浇水也会有差异，如大部分的叶菜类耗水量大，要多浇水；茄果类、根菜类及豆类耗水量中等，浇水要适量；葱蒜类耗水少即可少浇水。另外，蔬菜苗期可少量浇水，快速成长期要多浇水，而生长后期又要少浇水。

（五）土壤：植物的根基之源

🌹 了解花园里的土

土壤是植物的"立足之本"，能够为植物提供水分和养分。了解花园里的土壤状况，能让您有针对性地调整种植方案，达到事半功倍的效果。

★ 土壤的类型

根据土壤的孔隙度和保水性可以将土壤分为壤土、黏土和沙

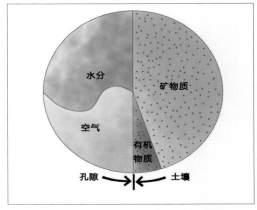

理想土壤的比例

土。其中最适合多数植物生长的便是壤土，其具有较高的保水性，又有一定的孔隙度来保证植物根系的呼吸。而实际上，许多花园里的原土并不是这么理想的壤土，而是沙土或黏土。沙土空隙大，质地轻，保水性差，水分流失快，并且矿质元素也会随着水分而流失；黏土颜色深，质地黏重，孔隙小，保水性强，但透气透水性差，在雨天容易形成泥状，晴天则容易板结，十分不利于植物生长。

★ 土壤也有酸碱度

在大自然中，土壤由于类型的差异导致其有不同的酸碱度，而土壤的酸碱度决定了种植植物的种类。大多数花卉喜中性至微酸性土壤（pH 6.0~7.0）。杜鹃、山茶、米兰、栀子等花卉一定要在微酸性的土壤中才能长得好；凤尾兰、月季、海滨木槿、石竹、

山茶喜酸性土壤

牡丹、菊花等喜欢偏碱性的土壤（pH 7.0~8.0）。如配制的培养土 pH 值不符合花卉生长的要求，可以通过调节剂来调节。在土壤中添加硫黄粉、硫酸亚铁水溶液、硫酸铝钾溶液等均可以降低 pH 值，添加农

孔雀草喜偏碱性土壤

业石灰（碳酸钙粉）、草木灰等可使 pH 值提高。一般来说，南方地区的红黄壤土是偏酸性的，适合种植喜酸植物；北方的石灰质土壤是偏碱性的，富含钙质，适合种植耐碱的植物。值得一提的是，在对石灰质土壤浇灌时要特别注意慎用自来水，因为很多北方地区的自来水和井水一样富含钙质，用其浇水会伤害一些娇嫩的植物，不妨接雨水来浇灌。

🌹 土壤改良小妙招

★ 提高土壤的排水性

如果您的花园土壤是十分黏重的黏土，则改善土壤的透气排水性是当务之急。黏土最大的问题就是土壤颗粒太小，孔隙度低，所以必须通过往土壤中添加大颗粒的沙砾石来改善土团结构，这样能有效提高土壤的排水性。另外还要补充土壤有机质（最好使用堆肥），有机质能改善土壤养分和均衡土壤容重。

★ 提高土壤的 pH 值

草木灰是提高土壤 pH

花园里修剪整理出来的草屑是草木灰的来源

值的好东西。草木灰中富含钾元素，是植物所必需的三大矿质元素之一。当然草木灰还富含钙质，但多数植物并不缺乏这个元素，因而在施用草木灰时应控制用量，以每平方米撒施 0.5 千克为佳，同时避免草木灰直接与植株根系接触，以免烧苗。

★ 改良贫瘠土壤

许多私家花园里的土多少都伴有建筑垃圾，如果有足够的预算，可以选择全部换土，效果显著且见效快，缺点就是成本高。比较经济的做法就是通过堆肥和生物改良的方法逐块、逐年改良。具体做法是，将原有地块整成几块方形或条形小地块，将土壤堆高，在其表面拌入木屑、草屑和堆肥，并植入一些绿肥，如紫云英、白花车轴草、酢浆草等。这些一年生草本凋落后的残体会形成新的肥料，能够不断改善土壤状况。经过一年的改良后，该土壤就可以种植蔬菜和草花了；多年的土壤改良后，就可以种植灌木和乔木了。

常用的培养土配方

培养土配方	适宜植物
松针腐叶土 40%，河沙 40%，园土 10%，有机肥 10%	喜酸性土壤的花卉
腐叶土 40%，河沙 40%，有机肥（干牛粪）10%，瓦粒或陶粒土 10%	兰花
河沙 50%，腐叶土或泥炭土 50%	喜酸性或中性土壤的花卉蔬菜
园土 20%，河沙 30%，腐叶土或泥炭土 40%，有机肥 10%	
园土 20%，腐叶土 30%，河沙 30%，瓦粒或陶粒土 10%，石灰石末 10%	旱生类型仙人掌
园土 20%、粗沙 30%，陶粒土 10%，腐叶土 30%，有机肥 10%	多肉植物

★　土壤消毒方法

土壤中常有病原菌、虫卵和杂草种子，栽植花卉蔬菜前应对培养土进行消毒。可以使用暴晒消毒、微波炉消毒、蒸汽消毒、炒制加热消毒、化学制剂消毒等，这些是适合在家庭日常养花种菜中常用的土壤消毒方法。

"入乡随俗，适地适树"

面对各类土壤，与其花大力气去改良土壤，不妨"入乡随俗，适地适树"，即选择适合本地土壤的植物进行种植。如果您是一位植物引种爱好者，希望引种一些异地的植物，那么"嫁接"是个好办法，把引种植物作为接穗，本地同属植物作为砧木，也许会收到意想不到的惊喜。

（六）肥料：让植物长得更好

我们在追求肥沃土壤时，总是忽略了大自然的力量。当各种化肥、速效肥横空出世之际，别忘了天然的有机肥。

天然腐殖质

在大自然中，动植物残体、动物的排泄物都会残留在土壤表面。这些物质与土壤微生物接触后就会慢慢地被分解，形成能够被植物重新吸收利用的营养物质，即天然腐殖质。而人工模拟自然界分解有机质的过程就叫做堆肥。换言之，堆肥就是一个发酵的过程，在此过程中细菌和真菌发挥着重要的作用，同时还要空气流通，所以在人工堆肥时也要模拟自然，不能将有机物深度掩埋，而要将有机物堆放至土壤表层5~10厘米的范围内，这样才能为有机质的腐化提供必要的条件。

自制堆肥

自制的堆肥不仅能够节能减排，还更加环保健康，用自制的堆肥种植才可能种出有机果蔬。

• 第一步　场地准备

准备一个合适的堆肥场地，可以是花园里的一个小角落，也可以是一个废旧的大花盆、一个泡沫箱。如果选择的是花盆，则要注意事先将盆底的出水孔堵住，以防止发酵过程中引来老鼠。

• 第二步　材料准备

生活中的很多垃圾都适合堆肥，如剩饭剩菜、瓜果蔬皮等，然而由于家庭花园的场地小，与生活区距离近，堆肥时产生的臭味往往会影响生活，所以应注意筛选堆肥材料。下面就常用的两类垃圾（生活垃圾和园艺垃圾）向大家做个推荐。

适合堆肥的生活垃圾：以植物类垃圾为主，如烂菜叶、果皮、茶叶渣、中药渣。

适合堆肥的园艺垃圾：落叶、残花、败果、修剪下的植物根系等。

可少量使用的生活垃圾：剩菜剩饭、人畜排泄物（需掩埋）、厨房用纸。

可少量使用的园艺垃圾：草屑、枯枝（使用时应剪成小块，加速分解）。

应避免使用的生活垃圾：动物残体（腐臭味极重），海鲜贝壳（钙质过剩）。

应避免使用的园艺垃圾：草木灰（碱性，易发生氮素反应，降低肥性，故堆肥时不可混合使用，可单独混合土壤少量施用，补充钾肥）。

垃圾
土壤

"汉堡"堆肥法

• 第三步　"汉堡"堆肥法

堆肥的过程就像是制作汉

堡，把不同的物料分层重叠堆放。首先，在堆肥场地底部铺上一层土，接着堆放各种垃圾物料，压实，再覆盖上一层薄土。此时盆器内的物料已经过半，再接着覆盖少量的熟食类垃圾，压实，最后将土填满至容器口。然后，要往盆里浇水，使得土壤保持湿润即可，因为细菌和真菌都喜欢湿热的环境。如果您的盆有盖子，可以加盖以防止腐臭，但不可盖紧，因为发酵过程中会发热、产生气体，引发膨胀。通常情况下，植物类垃圾完全腐熟需要一年时间，一年后这些肥料就可以直接拌土使用了。

🌹 基肥和追肥

　　基肥是在植物栽种之前施入培养土中的肥料，通常结合培养土的配制均匀调拌其中。基肥一般为有机肥，主要是通过有机肥的缓释效果，长期为花卉蔬菜提供养分。

　　追肥是指在植物生长发育的各个时期根据植物的需求补充的肥料。由于盆栽生长空间有限，土壤中的基肥不能满足其整个生长发育过程中对营养的需求，因而需要适时适量对花卉蔬菜进行追肥。追肥可以使用速效肥，以及时补充植物特定时期的营养需求。追肥的方法包括根系追肥和根外追肥。

　　根系追肥是直接将肥料溶解至水中浇于培养土中，或是将饼肥或粉末状化肥粉碎后置于盆土表面，通过浇水渗入土中被植物根系吸收。

　　根外施肥指的是利用植物叶片吸收少量营养元素的方法，该方法能够使营养元素直接作用于叶片，及时补充根系吸收的不足。具体做法是将肥料溶解于水中，直接喷洒在植物叶片上。要注意，根外施肥的浓度要低于根系施肥，且施用时间宜选择在无风的傍晚进行，以增加叶片的吸收。

🌹 施肥方法

★ 施肥原则

　　施肥的基本原则就是"薄肥勤施"，宁淡勿浓。有些初学者爱花心切，希望盆花能在短时间内长出最佳的效果，于是使用浓肥，最终导致花卉烧苗死亡而后悔不已。因此掌握正确的施肥方法尤为重要。

所谓的"薄肥"是指三分肥七分水，但这仅是针对有机肥而言。化肥的养分含量较高，根施可将浓度控制在 0.5%（即 100 毫升溶液中含有 0.5 克肥料）左右；若是叶面追肥，浓度宜降低到 0.2%~0.3% 之间。而对于家庭种植蔬菜，则最好使用有机肥，不用化肥。

一般来说，花卉在生长旺盛期由于新陈代谢速率较快，对肥料的需求也就较多，因而可以少量多次施肥。同时还要考虑植物的喜肥程度，如瓜叶菊、仙客来、月季、报春花等，可以 7~10 天施 1 次肥；而万年青、吊兰、苏铁等对肥料的要求并不高，可以每月施肥 1 次。

施用的肥料过浓，会造成植物体内大量水分外渗，使植株脱水，就是所

瓜叶菊

吊兰

报春花

谓的"烧苗"。遇到这样的情况，如果植株未脱水部分仍然保持绿色，就应当及时把植株从盆中取出，去除盆土，清洗根系并修剪已经腐烂的部分，并修剪受伤的枝叶，用新土上盆，浇足水精心护理，一般1~2个月后会重新萌芽。若烧苗过于严重或救治时间过晚则无力回天。

小贴士　施肥小技巧

施肥四忌：忌施生肥；忌施浓肥；忌基肥与根直接接触而伤根；忌施热肥，以免烧根。

"四不"：新栽花卉不施肥，开花时期不施肥，出现徒长不施肥，休眠期不施肥。

"四多"：植株黄瘦多施，发芽前多施，孕蕾前多施，花后多施。

"四少"：植株肥壮少施，病苗少施，发芽少施，雨季少施。

小贴士　植物缺素的外观形态营养诊断

① 优先表现在植株较老部位的缺素症状

缺氮　全株或老叶叶色淡绿均匀，或老叶发黄、枯死脱落，植株瘦弱矮小。

缺磷　茎叶暗绿或紫红色，老叶干枯，植株矮小，成熟延迟。

缺钾　叶脉保持绿色，叶肉缺绿，老叶叶尖和叶缘发黄，逐步褐变干枯，叶缘下卷。

缺钼　下部叶脉间失绿变淡发黄，易出现黄斑，间有杂色斑点，叶缘向内卷曲。

缺镁　老叶叶脉间失绿，出现淡绿、黄或近白色区域或晕斑，叶脉保持绿色，叶片尖端和基部保持较持久的绿色。

② 优先表现在新叶或顶芽的缺素症状

缺钙　顶芽失绿，枯死，叶尖和叶缘发黄变枯并向下卷曲，但整个植株还是绿色。

缺硼　生长点停止生长，幼嫩叶芽卷曲，在弯曲处首先失绿，中脉脆弱，最后枝顶枯死，花器发育不良。

缺铜　幼叶萎蔫，卷曲，无病斑，果实发育不良。

缺氯　新叶萎蔫，黄白色，产生枯斑。

缺硫　新叶均匀黄化呈现淡绿、淡黄色，叶脉更淡，植株矮小，发育迟缓。

缺铁　新叶叶肉均匀失绿，叶脉仍保持绿色。

缺锰　新叶叶肉失绿，局部坏死产生褐色斑点，叶脉保持绿色。

缺锌　叶肉失绿，叶小呈丛生状，节间短缩。

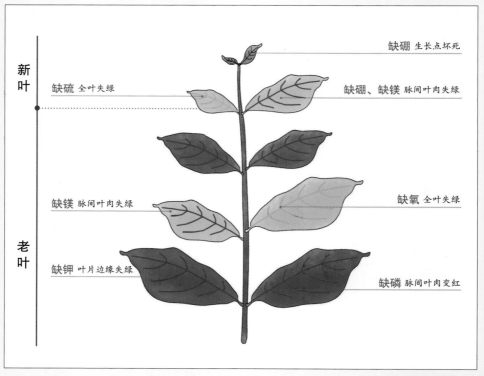

植物常见缺素症状

第二章

养花种菜
有技巧

（一）种植计划

🌹 了解种植环境

★ 地区气候环境

气候是一年或一段时期的气象状况。例如从北到南，哈尔滨冬季漫长寒冷；北京夏季高温多雨，冬季寒冷干燥，春、秋短促；杭州温暖湿润，四季分明，春阴雨、夏潮热、秋干爽、冬湿冷；厦门温暖湿润，光热充足，雨量充沛，冬无严寒，夏无酷暑。我国地域辽阔，地形地貌复杂，自然条件多样，从南到北横跨多个温度带，南北温差巨大。

一个地区的气候虽然难以改变，但在种植时却可以尽量适应气候，这样更易于打造一个容易养护的花园。种植之前应尽量了解所在地的年平均气温、最高和最低气温等，并了解在这样的温度条件下可以生存的植物种类。另外，也可以请教经验丰富的园丁或专业人员，他们的经验可帮助您避免选择那些不适应当地气候条件的植物种类，这不仅节省

耐干旱的虎刺梅

耐水湿的铜钱草

开支，还可避免错过栽植时间。

此外，一个地区的平均雨量和全年雨量分布对花园种植也有很大的影响，若以前有过干旱的记载，那就一定要安装浇水设备，或选栽耐旱的植物；若常年多雨，则要适当选择耐雨淋的植物或者利用阳光棚等给植物适当遮雨。

★ 家庭种植小环境

地区大气候对植物分布、花园种植规划的影响巨大，但是一个花园的小气候环境则影响更为直接。小气候指在小范围内，由于周边环境、下垫面构造和特性不同，使热量和水分收支不一样，形成近地层及土壤上层与大气候所不同的特殊气候。例如同样在一个城市，夏季郊区的平均气温可能会比市中心低 2~3℃；而同一个城市的同一个小区中，顶楼露台花园的温度则可能高于一楼有树荫的花园。除了小环境中的温度和水分，光照和通风等因素，也会对植物的生长产生较大的影响。

★ 阳台（窗台）

窗台一般采光较好，小气候和室外环境较为相似，在种植的时候需要根据窗台的南北朝向，仔细观察光照条件而选择花卉。以华南地区为参考，南向窗台一般日照较好，可以考虑种植一些适合本地区气候的长日照或者喜阳花卉，如可以考虑矮牵牛、长春花、三角梅等；北向阳台光线较差，可以考

阳台小花园

阳台小花园

虑种植适合本地区气候的喜阴花卉或者观叶植物，如可以考虑玉簪、绿萝、观赏蕨类等；朝东的窗台或者阳台一般每天可以接受 3~4 小时的日照，可以选择短日照的花卉和喜半阴的花卉，如可选球兰、风雨兰等；朝西的窗台或者阳台上午较为隐蔽，下午容易暴晒，适合养耐半阴、耐热藤本花卉，如可以种植凌霄、络石等。需要提醒的是，各种朝向只是一个大概的参考，种植者需要根据自己居住的楼层、楼间距等情况仔细观察一天的日照情况，再具体决定。

★ 天台（露台）

因为没有屋顶，除了个别靠墙或者被大树以及建筑遮阴的露台以外，多数露台光照较好，通风条件也较好，良好的通风环境可以有效地减少植物的病虫害。但是露台也有水分蒸发严重，容易干旱、温度较高、风害严重等不足。所以在露台种植的时候，除了观察露台的日照情况，还应尽可能地选择一些耐旱、耐热、根系浅、抗风的植物品种。

★ 庭院

庭院一般都在建筑的底层，各方面条件都较好，适合种植植物，尤其是楼间距大或者端头采光较好的庭院。对庭院种植影响最大的就是光照和通风条件，所以在安排种植计划时，一定要仔细观察庭院

天台小花园

各个地方的日照条件。在光照较好的区域种植喜阳花卉，在建筑墙角、树荫、大楼的阴影处等荫蔽位置种植较为耐阴的花卉。在通风较好的地方种植一些容易招致病虫害的植物，而在通风较差的区域种植一些抗性好、病虫害少、对通风要求低的植物。

从哪里获得植物

★ 播种育苗

您可以在网上信誉较好的店铺购买种子自己播种育苗，部分店铺甚至会随送一些种植攻略，这样更有利于成功播种；当然也可以利用自己收获的种子或者别人分享的种子育苗。目前市面上比较热门的播种花卉有矮牵牛、垂吊矮牵牛、牵牛花、六倍利、角堇、洋桔梗、长春花、旱金莲等，球根花卉有各种酢浆草、风雨兰、郁金香、小苍兰、洋朱顶红、百合、花韭等。对大部分蔬菜而言，均可播种育苗。育苗是园艺生活中非常有意思的一件事情，

花卉市场销售的各种花卉种子　　　　　花卉市场销售的各种球根花卉

可以观察到植物从种子到成熟的整个过程，如若成功会非常有成就感，但是需要种植者有较充裕的时间和精力。

★ 购买小苗

播种育苗一般较为耗时，而且有的品种本身就难以播种育苗，所以也可以在网络上从信誉高、品质好的店家购买育苗盘小苗，收到之后再假植或者定植。有时候也可以自己扦插繁育小苗，或者通过论坛、花友群、菜友群分享或购买。常见的主要有播种小苗、扦插小苗、分株小苗等，近些年比较热门的花卉扦插小苗品种有玛格丽特、天竺葵、小米菊、海豚花、舞春花、蟆叶秋海棠、非洲紫罗兰、球兰、大岩桐、美女樱等。对于蔬菜小苗，有些还可到超市或者菜市场购买，如带根小葱可直接买回家种植，空心菜可以扦插，芋头、

扦插繁殖的多肉植物小苗

花卉市场出售的成品花卉

花卉市场出售的成品花卉

土豆、大蒜头也可从超市直接购买后再种植。

★ 成品花卉

如果完全没有时间播种育苗或者培育小苗，也可以直接购买现成的成品花卉装饰花园。成品花卉可以在网上购买或者在本地花卉市场选购，其优点是种植简单，能快速美化花园，缺点是价格有的较高或者株型不够理想。

适宜的种植时间

一般来说，春秋季节温度适宜，可以进行播种、移栽、扦插等；冬季和夏季因为温度太低或太高，一般不适合大量种植花卉。

对于播种育苗而言，不同种类的花卉有着不同的播种时期和温度需要。一般来说，一、二年生花卉主要为春播花卉或秋播花卉，少量花卉需要夏季播种，温室和热带地区也可以冬季播种。春播南方地区在2月下旬至3月中旬，中部地区在3月左右，而北方地区则在4月上中旬；秋播南方地区在9月下旬到10月上旬，中部地区在9月左右，北方地区在8月下旬至9月初。如果花园中有不错的保温措施或者小型温室的话，播种时间的限制会变得更少，如果能控制好小环境的播种温度，则可以提前播种育苗。

（二）种植器具

种植容器

种植容器多种多样，一个美丽的花园少不了各种材质不同、大小不等、形状各异的种植容器，购买时可以从材质、尺寸、风格样式等方面进行考虑。

素烧盆：又称瓦盆、泥盆，用黏土烧制而成，有红、灰两种颜色，是盆栽花卉常用的一种花盆。它透气，

用素烧盆栽培铃兰

渗水性能好，款式多样，适合盆花生长，但是烧制不熟时易裂损，多雨地区露天放置表面容易长青苔。

紫砂盆：又名宜兴盆，以江苏宜兴生产著称，色泽有红、奶黄等，透气性较素烧盆差些，适于栽种生长能力较强的花木。其外形美观，也适于作套盆，可在室内陈设。

紫砂盆

外观美丽的瓷盆

塑料盆

透水透气性较差的塑料花盆

木盆

木箱

瓷盆：制作较精细，外形美观，色彩鲜丽。但由于其排水、通气性均较差，适于栽种较耐湿的花卉，多作套盆使用。

塑料盆：质地轻巧，便于搬动，不容易破碎，具有丰富的色彩和造型，而且价格便宜。但其透水性和透气性比较差，较薄的塑料花盆不耐持久使用，因此常用来种植养护要求不高的花卉。

玻璃容器

木盆（木箱）：具有传热能力低，利于植物良好生长的优点，但容易被水腐蚀渗漏，所以需要在木盆、木箱里铺垫石棉、聚乙烯薄膜等防水材料，外面涂上环氧树脂清漆，以增加美观和牢度。

玻璃容器：造型丰富多样，透明度高，主要用于水培花卉。

🌹 浇水工具

花园的浇水工具按照花园场地的大小，有多个种类可以选择，而不同种类的浇水工具也有多种容量。

喷水壶：养花最常用的浇水工具，使用率最高。其从材质上来分主要有

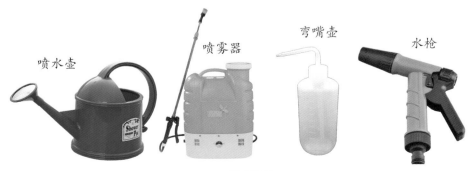

浇水工具

塑料和铁皮焊接两种；从壶嘴样式来分主要有长嘴喷水壶和小喷水壶两种；从喷头类型来分主要有无喷头喷水壶、固定喷头喷水壶和活头喷水壶3种。一般来说，活头喷水壶可根据使用者需要随意更换，使用更为方便。

弯嘴壶： 多肉植物常用的浇水器，通过挤压让水流出，容易把握水流方向和控制水量，也可以用于清洗多肉植物叶片。

喷雾器： 可用作扦插繁殖时的叶片喷雾保湿，同时还可以用来喷洒药剂防治植物的病虫害以及叶面追肥。喷雾器在花市、超市、网上都可买到，多数款式的喷头水量大小都可以调整，可根据个人栽种量决定喷雾器容量的大小。

水枪： 如果花园面积较大，为了快速地完成浇水工作，可考虑购买塑料水管和冲水水枪。

除此以外，需水量大的花园和阳台等，也可以利用定时滴灌系统、喷灌设备等自动浇水设备来完成浇水工作。

🌹 培土工具

花铲： 主要用于翻土、施肥、换盆、上盆和铲除杂草等。市售花铲有各种类型和大小，可以根据花园的实际需求选择。

锄耙： 锄头主要用于整地挖土、挖坑、起挖植物、除草等，耙子主要用于松土和耙平土壤。也有锄头和耙子合二为一的工具，功能多样，使用方便。

花铲

小花锄

铲土杯

铲土杯：培土时土不容易散落，常用于多肉植物培土。

注意尽可能选用具有保护涂层或者不锈钢材质的培土工具，这样更为经久耐用。

🌹 修剪工具

园艺工作中很重要的一项就是植物的修剪。修剪可以有效地控制植物的株型、去除老病枝条、促进新枝生长、改善通风光照条件，从而利于植物生长。在家庭花园中，常用到的修剪工具需要根据花园面积大小以及种植植物的种类进行选择，常见的有修枝剪、绿篱剪、锯子、电动绿篱剪、高枝剪等。

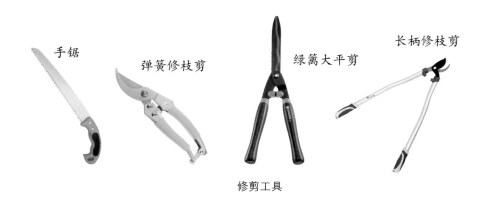

手锯　弹簧修枝剪　绿篱大平剪　长柄修枝剪

修剪工具

锯子：用于树木截干，修剪较大的木质化大枝。常用的有手工锯和电锯两种，有锯齿粗细之分，可根据需要切割的枝干大小以及方便程度选择。

修枝剪：包括芽剪、根剪、弹簧剪。芽剪也就是普通的小剪刀，主要用于修剪嫩芽、嫩枝、嫩叶，进行整形或者扦插繁殖。根剪主要用于换盆移栽时修根。弹簧剪主要用于修剪较粗硬的茎和枝条。

绿篱剪：用于修剪绿篱、灌木及造型，有手工绿篱剪和电动绿篱剪两种。手工绿篱剪具有较长的刀片和手柄，适合嫩枝修剪，不适合充分木质化的粗枝条。电动绿篱剪主要用于大面积绿篱整形修剪，效率更高。

高枝剪：用于树木高处枝条的修剪。

育苗工具

育苗盘：常用的育苗工具，便于出苗整齐和不伤根移栽，特别适合大量育苗。常见的有32孔、50孔、72孔、105孔、128孔、200孔等规格。

育苗盒：更适合家庭育苗，通常有12个格子，上面带有透明的塑料罩子，便于保温保湿。

育苗块：一般由椰糠、泥炭土等压缩制成，有的里面还有少量肥料，外面包裹无纺布或聚合纤维以保证吸水之后不散开。其经吸水膨胀后即可育苗，可以省去配土的麻烦。

育苗容器

打孔器与起挖器：用于育苗时打孔埋入种子以及后期移苗假植时起苗。

小镊子：用于播种时钳夹种子，以准确放入育苗容器中。

温度计：用于观察育苗温度。

家庭小温室：方便天气寒冷时家庭花卉的种植，可以直接购买成品或者按需要订制。

其他器具

园艺手套：常见的材质有皮革、布料、尼龙等，款式丰富多样，在劳作中保护双手，避免接触泥土和修剪长刺的植物时受伤。

嫁接刀：常用的有切接刀、芽接刀等，可根据需要用于木本花卉和草本花卉的嫁接。

筛子：主要用于筛选盆土和基质，可根据栽种用土需要，选用不同大小及筛孔的筛子。市场上常见的筛子主要有竹篾制和金属丝制两种。

小毛刷：用于花卉栽培后清理盆面，或者清洁多肉植物的叶片表面。

支架：支撑高大植物或者供藤本植物攀爬的器具，市场上有各种造型和大小的支架，可以适应不同藤本植物的需求，一般以铁艺、竹子以及木材的为主。

小勺子：常用于育苗培土、固体肥料的挖取等。

遮阳网：夏季炎热时，可用于遮挡阳光降低温度，保护花卉蔬菜。常见的有6针、4针、3针等规格。6针遮阳较多，4针遮阳中等，3针遮阳较少。

（三）修剪技巧

面对蓬勃生长的植物，到底是该放任其自由生长还是要进行修剪呢？确切地说，修剪是人工干预植物生长的过程，任何的修剪都有着人为的目的。有些是为了下层的植物能获得更多的光照，而对上层的植物进行适当的修剪；有些是为了造型的需要，想获得某些特定的植物造型，使其更有欣赏性；更多的是为了促进植物多开花和减少花后的养分消耗而进行的修剪。

整枝修剪的基本原则

当您为修枝找到了充分的理由，拿着手锯和修枝剪站在植株面前准备"开动"时，请再"三思"，并注意以下几个基本原则。

先剪"忌枝"　所谓忌枝，指的是植物生理上已经不需要的枝条，清理后能够使植物结构清晰，形态自然，有利于下一步植物结构的观察。

修剪忌枝时，如果这些忌枝比较

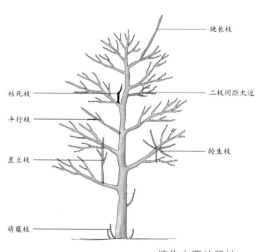

植物主要的忌枝

细小，请一定要从枝条基部完全清除，以免留下枯枝、形成树瘤或发生萌蘖枝。

检查植株结构　要培养植株坚固的主干，侧枝与之从属分明，及时除去干扰树形结构的竞争枝、干扰枝。主枝与侧枝之间的夹角要保持在30°左右，切忌枝条之间夹角太小。

先大枝，后小枝　修剪时，应先根据主体结构进行调整，通常先对大枝进行修剪；确定

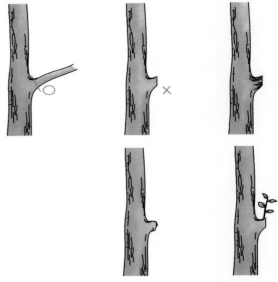

正确的截枝位置

了植株结构后，再根据小枝上芽的着生部位进行修剪。

最佳的修剪时间

★ 对伤口愈合的影响

大多数植物在春天萌芽前修剪伤口愈合最快，因春天植物新陈代谢和抗性最强，能够减少疾病和致病菌进入植株，有利于预防伤口腐烂。

★ 对开花数量的影响

若在花芽分化期进行修剪，将会减少花芽数量和潜在的开花量。因而，对于一些早春开花的花卉，应当在开花末期至花凋落期进行修剪；而对于紫薇、木本曼陀

木本曼陀罗

西番莲

炮仗藤

罗等夏秋开花的花卉，属于当年分化型，则可以在春末夏初新梢生长后（花芽分化初期）采取摘心的方式促进侧枝生成，这些侧枝都可能成为花芽。

★ 修剪量对修剪时间的影响

家庭养花修剪量一般不会太大，对于修剪枝叶量在 10% 以下的其实随时都可以进行，而对于修剪枝叶量超过 25% 的，则最好在休眠季或是夏初植物生长高峰来临之前进行，有利于植株的恢复。

🌹 几类植物的修剪技巧

常春藤

小乔木疏枝修剪，把握的原则是"尊重自然，发展原有树形"。灌木的修剪应根据灌木的树形在不同方向上均匀地选留健壮饱满的幼枝，沿着根基部去除老枝，这样可以为新枝的生长留出充分的生长空间，同时防止灌木早衰。而攀缘植物的修剪与灌木相反，牢牢扎根的老枝是不能轻易修剪的，否则可能会造成全株死亡。所以，对于攀缘植物只要每年定期对其长势弱的侧枝及生长尚未起步的干枯枝条进行修剪即可。

攀缘植物枝叶繁茂、花团锦簇、硕果累累，在植物的选择上，可以大胆地将不同攀缘植物混搭。在华南地区，炮仗花与西番莲或使君子，藤本月季与锦屏藤等都是不错的混搭选择。

（四）植物的繁殖

植物的繁殖是一个再创造的过程，通过自己的双手增加植物的数量，更能增加养花种菜的乐趣。植物繁殖一般可分为有性繁殖和无性繁殖两种。

有性繁殖是利用植物的种子播种而得到新一代花苗，换句话说就是播种繁殖。有性繁殖的优点是可以获得大量小苗，得到的苗为实生苗，其根系发达，对环境适应性强，较适用于草本花卉；缺点是遗传不稳定，容易产生变异，而且对于木本花卉而言，播种繁殖周期太长。

无性繁殖是利用母体植株的一部分（如根、茎、叶等）作为繁殖材料，培育出新植株的方法，一般包括扦插、分株、压条、嫁接等4种方式。无性繁殖的优点是能够保持母体植株的优良性状，并且大大缩短了栽培周期，尤其对于木本花卉而言，能够提前开花结果，达到良好的观赏效果；缺点是适应性较差，须根较多，发育不良，前期需要精心照顾。

🌹 有性繁殖

★ 种子的获得和贮藏

有些草花易开花结实，通过种子繁殖的能力很强，如大花马齿苋、波斯菊等；而一些结实量较少的草花，如君子兰、朱顶红等，可以通过人工授粉的方式获得种子。具体方法是当花的柱头分泌黏液时，用

干燥保存的荷花种子

棉签或毛笔蘸取花粉，涂抹在柱头上，待传粉成功便可等待收获种子了。成熟种子采收后要放在阴凉通风处晾干。

如果到花卉市场购买种子进行繁殖，应仔细观察种子是否颗粒饱满，有无病粒、残粒，向店家询问该批次种子的生产日期、发芽率等基本信息。

收获的种子若不能马上播种，应将其贮藏在适宜的条件下。多数种子阴干后可装于密封塑料袋中放在抽屉里，或是装入容器，放置在低温干燥的环境中。

种子贮藏的时间与发芽率呈负相关性，贮藏时间越长，发芽率越低。非洲菊、福禄考等种子寿命较短，仅为 1 年；波斯菊、半枝莲、金鱼草等种子寿命可达 3~4 年；鸡冠花、三色堇、茑萝等的种子寿命可达 4~5 年；凤仙花的种子寿命可长达 5~8 年。但贮存越久，种子越容易出现霉变、虫蛀等问题，发芽率也会下降，因而应尽可能选择新鲜的种子进行播种。

★ 播种时间的选择

通常来说，一年生草本花卉播种期多在 4~5 月，若想要提早开花，可通过玻璃或塑料膜覆盖播种花盆或穴盘提高种子萌发的温度，将播种期提前至 1~2 月。二年生草本花卉一般在秋季 9~10 月播种。

★ 播种

播种基质的选择：小粒种子通常用两种以上栽培基质混合起来作为播种基质，以泥炭土为主，添加蛭石、河沙等混合而成。

播种容器：通常用花盆或浅木箱等。用花盆播种时，先在盆底垫上一层防虫网，再放入约 1/3 深度的陶粒或小石子等便于透水的基质，然后装基质约九成满，再用木板轻压至平整。

种子发芽前处理：种皮相对薄软的种子，先在低于 40℃ 的温水中浸泡 24

撒播繁殖的倒水莲小苗

小时，除掉瘪粒；种壳坚硬的种子，如荷花、豆科植物的种子等，可用利刀割开种皮后再播。

播种方法： 有点播、条播、撒播等 3 种。点播适用于颗粒较大的种子，按照一定的株行距开穴播种，点播费工但出苗健壮，效果好。条播适用于中、小粒种子，在整好的苗床上开条状沟，深度为种子大小的 2~3 倍，行距 10 厘米左右，把种子均匀播于沟内，然后均匀覆土，使床面平整。撒播是把种子均匀撒在基质表面上，通常用于小粒种子，播种深度通常大粒种子为种子大小的 3~4 倍，小粒种子以不见种子为度，极小粒种子播在表面即可。

浇水： 播种后要马上浇水，对于小粒种子可采用浸盆法，以免种子浮起或被冲走。注意一定要浇透水，然后把其放在阴凉处，盆上覆盖玻璃或塑料薄膜，以保持土壤湿润。

种子发芽后的管理： 种子一旦发芽就要去掉覆盖物，并将其移至有阳光的地方。如果萌发基质中没有事先加入肥料，幼苗长出真叶后就要开始施肥，特别要补充氮肥。

移植： 由于播种量较多而导致后期幼苗过密，可在幼苗生长拥挤之前进行移植或拔除（又称间苗），否则幼苗会因空间、光照、水分和养分的不足而生长不良。

🌹 无性繁殖

常见的无性繁殖方法包括扦插、分株、嫁接和压条 4 种，以下仅介绍家庭种植中较为常用的扦插和分株两种方法。

★ 扦插繁殖

扦插繁殖在家庭养花中的应用非常广泛，且形式多样，应用较多的是枝插和叶插，较少使用的是根插。

枝插　枝插可以根据枝条的成熟度分为硬枝扦插和嫩枝扦插。以应用更为广泛的硬枝扦插为例介绍具体过程。

采条和插穗的截制： 扦插繁殖时一般采条要做到随采随插，以减少插条

绿萝茎段扦插

月季扦插苗

受损伤程度，提高扦插成活率，因而通常选择在初春进行。插条要选择生长健壮的幼龄母树上的1年生枝条，或选用1~2年生实生苗（即从种子长成的苗）、扦插苗和截干苗作为扦插材料。

插穗的长度一般为10厘米左右，适当剪去枝条上的叶子，留取顶部2~3枚叶片，以减少扦插后的蒸腾作用，利于生根。插穗的上口为平口，下部在背芽侧剪为45°斜口，剪口要平整。

插穗的处理：为促进插穗生根，提高成活率，可以从花卉市场购买植物生长调节剂来处理插穗。常用的生长调节剂包括萘乙酸、吲哚乙酸、吲哚丁酸等，或者用专门的ABT生根粉等。常用的处理方法有：快蘸，即将插穗下端2厘米浸在0.05%~0.1%的生根试剂溶液中5~7秒，取出后立刻扦插。浸条，即把插穗基部浸入0.005%~0.01%的生根试剂溶液中12~24小时，取出后即可扦插。粘抹，即将含有适当浓度生根试剂的滑石粉或是泥浆粘在插穗基部，然后扦插。

扦插　扦插前需准备好苗床或专门的花盆，装好扦插基质，按照植物的生理方向（即枝条正常生长的顶端向上，基部向下）将插穗直插入其中，插入深度为穗条的 1/3~1/2，之后用手将基质压紧，使基质与穗条紧密结合。完成后用小水慢慢浸润苗床或花盆，保持土壤湿润，切忌过湿，并将其放置于阴凉通风处。待插穗生根并长出新叶或新芽后方可移栽。

嫩枝扦插的方法与硬枝扦插类似，只是插穗为半木质化的枝条，较为娇嫩，对生根温度要求高，需控制在 20~25℃之间，空气相对湿度应在 85% 以上，一般要遮阴处理。生根后可适时去掉遮阴物，增强通风透光程度，经过适当的锻炼后即可进行移栽。

叶插　叶插指用叶片扦插得到新植株的方法，可以是用完整的叶片扦插（即全叶插），如椒草的叶片扦插，也可以是剪切后的片叶扦插，如虎尾兰的叶片横切、秋海棠的叶片纵切。全叶插可直插（即将叶片垂直或带有一定倾斜角度埋入扦插基质中），也可平插（即将叶片平铺在基质上）。切叶扦插时要注意叶片正反面不能颠倒，最好垂直主叶脉进行切割，并适当下压切口基部。对于植株中含有较多汁液的植物种类，剪取的插条要将伤口晾干后再插。扦插多于生长期进行。

全叶扦插法： 选取成熟健康的叶片，连同完整的叶柄剪下来。叶柄与叶片基部分布有分生组织，即生长点，尽量不要使基部受损伤，这样才能顺利分化出新植株并生根。然后把叶柄埋入湿润的基质中，叶片基部紧贴土表，浇足水后用塑料袋罩住花盆以保持较高的空气湿度，减缓叶片蒸腾作用。

选择健康的叶片，稍稍阴干

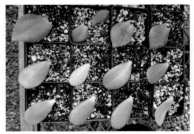

将叶片平放或插入基质中

叶片周边长出新叶片

叶片基部长出不定根

选择健康的叶片

将叶片切成 5 厘米左右的小段

将叶片栽培在湿润的土壤中等
待生根

20 天后叶片切段长出新的根系，并形成新的植株

　　过一段时间新根和嫩枝便会从叶柄切口或沿叶缘衍生而出，待母叶营养耗尽后切除母叶，留下新苗在花盆中继续生长。

　　切叶扦插法：剪取健壮的叶片，用锋利小刀将叶片横切成数段或沿叶片纵切成数块。将切好的叶片呈 45° 角斜插入湿润的培养土中，注意不要把叶片正常生长的上下方向颠倒，否则不会长出新的根系。罩上塑料袋保湿，经过一段时间培养，叶片切口处会萌生根系和小苗。当小苗生长到足够大时，即可分苗种植。

★ 分株繁殖

盆花经过一段时间栽培后，可能会在基部萌蘖出大量新株，导致过分拥挤。分株繁殖就是将较大的丛生植株分割成较小的数株或数丛的繁殖方法。分株繁殖可一次性获得较多、较大的植株，且因带有完整的根、茎、叶，故容易成活。尤其是棕榈科的散尾葵、棕竹等不能通过扦插繁殖的种类，以及仅以此法才能保持品种特性的金边虎尾兰等植物最为适宜。分株繁殖最大的优点是方法简单易行，不需要太多的技巧，在阳台、露台花园养护繁殖中最为常用，也最为实用。分株繁殖一般在休眠期结合换盆进行。

分株繁殖法适用于丛生类灌木、宿根花卉（如牡丹、芍药），球根类花卉（如大丽花、大花美人蕉、君子兰）等的繁殖。生长较快的种类如沿阶草、吉祥

选择合适的分蘖小株并起挖

挖出的小株应完整、带根

清除掉原有旧土

旧土消除干净后待用

将原植株进行分株

填土固定分株至距盆口
2厘米位置，浇水即可

需要分株的德国鸢尾

草、旱伞草等可 1 年分株 1 次，生长较慢的种类如君子兰、虾脊兰、大花萱草等可 2~3 年分株 1 次。

不同的植物类型，其分株方法略有差异。

丛生及萌蘖类花卉的分株：不论是分离母株根部的萌蘖还是将整株切割成数株，分出的植株必须是具有根、茎的完整植株。

对芦荟、牡丹、腊梅、玫瑰等丛生性和萌蘖性强的植物，一般多采用挖起分株法，而对蔷薇、凌霄、金银花等，则从母株旁分割，只要枝条带根即可。分株时，应先去除原有根系上的旧土，将根系理顺，操作时要小心，尽量减少对根系的伤害。

宿根类分株：对于宿根类花卉，如鸢尾、玉簪、菊花等，栽培 3~4 年后株丛过大，需要分割重新栽植。通常可在春秋两季进行。分株时先将整个株丛挖起，抖掉泥土，顺应植株芽的聚集将其分成数丛，每丛 3~5 个芽，以利于分栽后能迅速形成丰满株丛。

球根花卉的分株：对于一些具有肥大肉质块根的花卉，如大丽花、马蹄莲等，这类花卉常在根茎的顶端长有许多新芽，分株时应将块根挖出，抖掉泥土，稍晾干后用小刀将带芽的块根分割，每株留 3~5 个芽，分割后的切口可用草木灰或硫黄粉涂抹，以防病菌感染，然后栽植。

对于美人蕉等有肥大地下根茎的花卉，分割其地下茎即可形成独立的新株。分根茎时每块都必须带有顶芽，以保证有新植株长出。

还有一些球根花卉每年都能分生许多新的子球，将这些子球分栽，称为分球繁殖，如唐菖蒲、朱顶红、百合、水仙、风信子等。

（五）病虫害防治

🌹 早发现早防治

　　植物的地上部分表面积最大的就是叶片,因此叶片也是最容易发现病虫害的部位。在熟悉植物正常的叶色和状态下,一旦发现叶片出现萎蔫、虫洞、褪色、变形等现象,都是植物在"呼救"的表现。

　　茎也是容易受到病虫害侵扰的部位,草本植物的茎受害容易出现腐烂、脆弱、瘫软等现象,木本植物的茎受害有时会出现真菌感染的白色黏斑。

　　一些植物的花和果也可以指征病虫害,如花蕾未开放就凋零、萎蔫,果实还未成熟就出现了黑斑、霉斑、腐烂、虫洞和脱落等。

　　如果病虫害发生在根部就不容易被发现,因为反应到地上部分往往延迟。

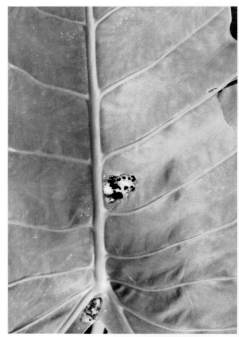

叶片出现虫洞　　　　　　　　　　海芋叶片上的菌丝和虫卵

例如植物受到了根部菌类侵害，根部腐烂，地上部分往往表观上完整，要在一段时间后才会出现长势衰弱或是叶片萎蔫的现象。

　　一旦发现植株的外观出现了异常，就要把病虫枝及其他感染部位及时清除，并进行下一步诊断，找出真正的病因，对症下药。

🌹 植物急诊室

　　只要足够细心就可以在第一时间发现植株的异常现象，这并不困难。而要准确判定植株遭受了哪一种病虫害，那就不是一件容易的事，即便是经验丰富的老园丁也不能保证一次准确。对于多数人而言，只要做到一个基本的判断：植物受到的是病害，还是虫害？如果是病害，那么它是生理性病害，还是病原性病害？如果是虫害，那么它是吸食类害虫、啃食类害虫，还是潜叶类害虫？

　　★ **确定病害类型**

　　生理性病害　由非侵染性病原引起的病害，主要是由于养护不当或外界环境发生不适宜植株生长的变化而引起。这类病害不具有传染性，常见的有以下几种。

　　叶片焦枯：通常发病部位在叶尖或叶缘，整个叶片色泽暗淡。引起叶片焦枯的原因很多，包括水分不足、光照过强、施肥过浓或遭遇

水分不足造成的叶片焦枯

盆土过湿引起的兰花叶片发黄

有害气体等。

叶片发黄： 叶片黄化或出现黄斑，常见于喜酸植物栽植于 pH 值偏高的营养土中所引起的病症；也可能是因为营养不良、光照不足、盆土过湿等引起。

植株软弱： 叶片变小、茎节徒长、叶色变浅，多是由于光照不足所引起。

花叶返绿： 一些花叶品种（如花叶常春藤、花叶椒草等）原有的彩色花斑逐渐消失，变成了绿色，主要是由于光照不足或氮肥过盛所引起。

兰花根系腐烂

根腐: 浇水过多、土壤板结积水、通气不良、施肥过量等都会引起根系腐烂，植株地上部分表现出类似于缺水的症状，往往会误导初学者。

如果发生以上症状，应仔细回忆养护过程，找到病因，对症处理。如果改变了栽培措施和栽培环境仍不见症状好转，就可能发生第二类病害——病原性病害。

病原性病害 由侵染性病原引起的病害，具有传染性，又称传染性病害。病原主要包括真菌、细菌、病毒等。

真菌感染是病害类型里最常见的，判断的依据是能否找到菌丝或菌斑。真菌感染主要导致幼苗死亡，严重时果实、茎均会感染腐烂，最终全株死亡。

植物病毒感染时也会出现如植株生长迟缓、器官畸形、叶片褪色发黄、花朵出现异常色斑等现象。

细菌感染常常出现在植株有伤口的情况下，开放的伤口容易遭受细菌感染。一旦发生就会快速蔓延全株，主要表现为植株组织软化水化，并散发出

煤污病

腐烂的臭味。

常见的病原性病害包括以下几种。

炭疽病：发病初期叶片上出现圆形或半圆形红褐色斑块，之后变成黑褐色。病斑四周会出现黄色晕圈，叶片干枯坏死而脱落，病情不断向下扩散。炭疽病在温暖湿润的环境下易发。

白粉病：真菌病害的一种，主要侵染叶片。发病初期，受病部位呈现淡灰色，随后逐渐出现白粉状的病菌，最后长出无数黑点。通常情况下，叶片背面比正面多。菊花、月季、玫瑰等易染此病。

灰霉病：病害初期出现水渍状斑点，然后发展成为褐色或者黑褐色。低温高湿时易发此病。菊花、杜鹃、蝴蝶兰等易染此病。

煤污病：发病后，在嫩叶、嫩梢上生有黑色霉点，严重时叶面布满煤烟状物，影响光合作用，使植株逐渐衰弱。容易发生在马蹄莲、万年青、山茶、栀子、茉莉、含笑、夹竹桃等花卉的叶片和嫩枝上。

锈病：主要危害植物的叶片和芽，染病部位出现明显的橘黄色至深褐色孢子。月季、玫瑰、牡丹、菊花、茄子这些植物易染此病。

霜霉病：发病初期在叶面形成黄色的斑点，后期斑点呈黄褐色，并发展到整个叶片。严重时叶片枯黄死亡。多发于高温高湿期，凤仙花、菊花、月季常染此病。

软腐病：从靠近根部的叶子开始腐烂，向上扩展，并伴有臭味，发病晚期植株自行倒伏。马蹄莲、君子兰、玫瑰、蝴蝶兰、白菜、番茄等常染此病。

立枯病：患病部位初为水渍状，继而呈现暗绿色，根部变黑枯死。光照不足，通风不良，土壤潮湿均易发此病。

★ **确定虫害类型**

害虫根据其侵害植物叶片的方式不同可分为啃食类、吸食类和潜叶类。

蚜虫　　　　　　　　　　　青虫

介壳虫　　　　　　　蒲瓜腹菜

啃食类虫害最容易被发现，虫子在叶片上留下大大小小不规则的咬痕。吸食类害虫是利用吸食器吸食叶片或者茎的汁液，经常导致植株变形，叶片褪色。潜叶类害虫会将幼虫潜伏到叶肉内，以植株的叶肉为食，待幼虫长成后再从叶面钻出。

一旦确定了病虫害的类型就可以对症下药，但对病虫枝的清除一定要彻底，多采用焚烧的方法，以避免病虫害蔓延。

线虫：线虫是一类低等动物，大多数为植物寄生线虫，常危害花卉根系，使根部呈现瘤状根结，叶芽变形，花卉矮化，甚至不能开花。

蚜虫：在叶片、嫩茎、花蕾、顶芽等部位成群聚集吸取汁液。

青虫：蝶和蛾的幼虫，咬噬叶肉，严重时叶子被咬噬得只剩下叶脉。

螨虫：体形较小，主要集中于叶背面和叶片的凹陷处或幼芽上吸取汁液。

白粉虱：主要危害叶片，吸汁液，引起植株变黄、枯萎。多发于高温干燥时期，常见于十字花科、茄科花卉蔬菜。

红蜘蛛：利用刺吸口器吮吸叶肉和茎皮内的汁液，导致叶片失绿，出现黄色小斑点，叶片向上卷曲，枯焦。多发于高温干旱的环境。

介壳虫：利用口器吮吸花木的汁液，同时排出黏液污染枝叶，容易引发煤污病。介壳虫喜欢潮湿的高温环境，繁殖

白粉虱

榕树受蓟马危害状

能力强，常危害茶花、玫瑰、牡丹、桂花、海棠等。

蓟马：利用锋利的口器吸食植物各个部位的汁液，从而引起植物叶片扭曲、卷缩，花蕾受害等。蓟马种类多样，包括烟蓟马、黄蓟马、花蓟马、小头蓟马等。

植物病虫害的家庭防治方法

★ 植物病虫害发病期的治疗方法

病虫害的防治应当以防为主，隔绝病虫害的来源。若已经发现病虫害，就应当及早治疗，将病虫害消灭于初发阶段。

蒜汁：将整个大蒜拍碎泡入 1 千克水中，浸泡 2~3 小时后取上清液喷施于植株的患病部位，可有效防治炭疽病、叶斑病、蚜虫等。

大葱汁：将 1~2 根葱切碎，加 1 碗水（约 500 克），浸泡 1 天，将浸泡后的葱汁喷施于植株上，可用于防治白粉病、蚜虫等。

姜汁：将生姜拍碎，加入 200 倍水中，浸泡 5~6 小时后取上清液喷施于植株上，可治疗腐霉病。

食醋：用食醋 50 毫升，将棉球在醋内浸湿后，在介壳虫侵害的叶子上轻轻擦拭，既可将介壳虫杀灭，又能使被介壳虫损害的叶子重新返绿光亮。

草木灰：用草木灰 500 克兑水 2.5 千克，浸泡一昼夜滤去杂质后，用滤清液喷洒受害的植株，可有效地杀死蚜虫。

香烟水：将 3~5 个烟头泡入一碗水中，12 小时后取上清液喷施可防治蚜虫、红蜘蛛、白粉虱、卷叶虫等病害。

氨水：庭院花木受到天牛、吉丁虫、木蠹蛾等蛀干害虫危害时，可在幼虫孵化期、成虫羽化前、幼虫越冬时，从虫道上孔注射 20% 氨水 20~30 毫升，再用黏土或蜡密封 30~40 分钟，即可杀死幼虫或蛹。

碘酒：如果木本花卉的主干腐烂，可将腐烂部分全部刮除，深达木质部，而后涂抹碘酒，隔 7~10 天再涂抹 1 次，不仅可彻底治愈，且时间一长，主干斑瘤突出，愈显得苍古奇特。

洗衣粉： 用中性洗衣粉 500~800 倍液喷雾，对蚜虫、螨类、白粉虱、介壳虫的防治均有较好的效果，并有控制螨卵孵化的作用。

除了用以上家庭常用品制作的药剂防治病虫害外，还可以利用一些专业的药剂来处理病虫害。如遇到病原性病害，应及时剪除病枝、病叶，并集中烧毁，同时用百菌灵、百菌清、甲基硫菌灵、代森锌等药剂的稀释液喷洒在发病处。如遇到虫害，可用少许敌敌畏、灭害灵等灭虫剂蘸在棉签上，倒插在花盆培养土中，然后用塑料袋将植株和花盆罩住，熏蒸 1 小时左右（温度高时可适当缩短熏蒸时间，温度低时可适当延长熏蒸时间）；完成后用清水将盆花冲洗干净，1 周后复蒸 1 次，便可把虫害彻底清除。

使用药剂时应仔细阅读说明书，按照科学的浓度配比使用，同时做好防护工作，以免部分有毒药剂伤害到人畜。

★ 日常综合防治方法

植物病虫害防治主要以防为主，应当从日常的养护过程中做好综合预防工作：栽植前做好盆器、基质消毒，种子消毒和扦插枝条消毒等工作；尽量不要在同一个花盆中连续多次栽植同一种植物；高温季节不要过多浇水喷雾；平时勤管理，勤打扫，植物的枯枝落叶应及时清理，并注意铲除杂草；保证良好通风条件，病虫害容易在闷湿的环境中滋长，要随时保持根部的良好通风；细观察，虫害可人工捕捉灭除，病叶、病株直接手工拔除，尽量不喷农药，以免污染环境；选用抗病虫品种；施肥时注意氮肥与磷肥的搭配，氮肥不宜过量；对于生长较密的植株应适当修剪、疏枝，使植株内部通风透光；对易生病的植株应定期喷药防护。

第三章

花香菜美
小花园

（一）观赏乔灌木种植指南

观赏乔灌木种植基本要求

★ 了解种植环境

作为新手园丁，打造花园之前应当先了解花园的种植环境。如前所述判定土壤状况、阳光朝向等，然后根据环境特点把花园分为喜阳植物种植区、耐阴植物种植区、耐旱植物种植区等。最后根据各区域的大小来选择对应的植物。

★ 选择品种与植株

花卉要选择适合自己花园的品种，而不是一开始就选择那些新奇特的"贵货"。确定好种植的花卉品种之后，务必仔细观察植株的健康状况，目的是保证植株的成活率，且避免带来病虫害。健康的植株应拥有良好的株型，主次分明，盆器中没有过多的杂草。

如果能看到植株的根系，那是最理想的，健康的根系十分重要。健康的根系也拥有主次分明的结构，主根粗壮，侧根上根毛多。要避免缠绕根还有窝根。如果选中的是裸根苗，则要在休眠期购买并尽快种植。

★ 种植时间的选择

无论是裸根苗还是盆栽苗，移栽过程都会对其根系造成一定的伤害，所以在种植初期，最主要的就是根系的恢复。春秋季是最佳的种植时间，主要原因是这两个季节拥有合适的温度、适宜的水分，这是植物根系恢复所必需的条件。另一方面，初春时节植株新叶尚未完全萌发，对水分的需求较低；秋季多数叶片又已凋落，根系的水分吸收和传导压力就大大减轻了，植株会将生长重心转化为根系的修复。

具体来说，常绿树木一年四季都在进行枝叶的更替，而春季是新叶相对集中的生长期，所以在初春季节，新叶萌发之前是最佳的种植季节；落叶树可以选择在深秋和初春新叶尚未萌发之时种植。

★ 正确的种植方法很重要

对于乔灌木而言，种植深度是十分重要的，这一点，初学者往往会忽略。如果种得太浅，根系容易干死或者植株倒伏；种得太深，则根系会缺氧，甚至容易发生各类真菌感染。一般而言，种植的深度不能超过植株的"根颈"处（即茎干基部与根系交接处）。相对于深度，木本植物对种植坑宽度的要求更高，种植者需要有预见性，预见到植株 5~10 年以后的大小，预留出足够的空间。通常种植坑的宽度需为植株胸径的 12 倍。

新栽的植株需要浇透水，并在种植初期密切关注植株的生长状况，及时补充水分。同时需要为新栽的植株提供支撑物，直到两三年后，植株的根系足够稳固方可移除。

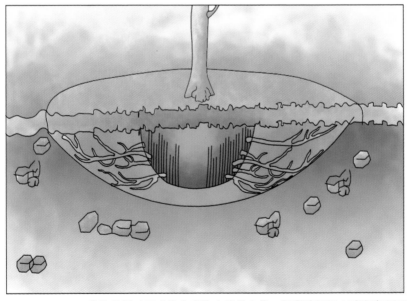

种植坑尺寸要求为宽度为土球的 3 倍，深度略深于土球高度即可

🌹 入门级观赏木本植物推荐

木樨科木樨属

四季桂

别名：月月桂

花语：永伴佳人，香飘万里，誉满天下

易活指数：★★★★☆

花果期：3~5 月

⚙ 栽培心经

土壤：喜肥沃疏松、排水良好并略带酸性的土壤。

温度：生长适温为 20~30℃

光照：喜阳光充足，室内栽培应放在向阳通风的地方，每天光照保持在 8~12 小时。

✿ 护花常识

水肥管理：既要保持盆土湿润，又不可过湿。浇水时要见干见湿，切忌积水。盆栽的桂花应比地栽的施肥多，但桂花不耐肥，因此不可施肥太多太浓。在发芽和孕蕾期间应多施含磷、钾的稀释肥水，以使枝条及花蕾生长健壮，尤其是在开花前几天，施些稀释肥水会使花大、色艳、香味浓。

繁育技术：嫩枝插穗、高空压条、砧木嫁接。

换盆技巧：把桂花周围的宿土去掉一部分，然后加入新配制的栽培土就好。换盆后可以放阴凉处几天，

然后转入正常管理。

整枝技巧：树冠必须经不同程度的修剪，以保证水分代谢的平衡。

越冬防护：较耐寒，室外温度不低于 –5℃时，盆桂无需移入室内。

常见病虫害：主要病害为枯斑病和炭疽病。生长季节常有尺蠖吞食嫩叶，要注意观察捕杀。

木樨科木樨属

丹桂

别名：木樨、桂花
花语：富贵、吉祥
易活指数：★ ★ ★ ★
花果期：花期 9~10 月上旬，
果期翌年 3 月

✿ 栽培心经

土壤：基质要求疏松透气、排水良好、含腐殖质高的酸性土或沙质土。

温度：白天温度在 25 ~ 28℃，适合丹桂生长。

光照：喜光，喜温暖湿润气候。

✿ 护花常识

水肥管理：刚上盆的桂花要少浇水，夏季高温可多浇水并向叶面及植株周围喷水以增加空气湿度。冬季保持土壤略湿即可。丹桂喜肥，除上盆、换盆时要施足基肥外，生长期要勤施薄肥。每次浇水施肥后要进行松土，以利通气、疏散湿气。

繁育技术：压条、嫁接。

换盆技巧：盆以素烧瓦盆为好。盆土要求疏松肥沃、排水良好、呈微酸性。盆栽丹桂宜每隔一两年于早春换盆 1 次。

整枝技巧：以疏枝为主，对过密的外围枝适当修剪，同时剪去徒长枝、病枝，以改善内膛通风透光。

越冬防护：较耐寒，–5℃可正常越冬，无需特殊防护。其中"橙红丹桂"耐寒性最强，可耐受 –10℃。

常见病虫害：病害主要有炭疽病、叶斑病。虫害主要有介壳虫、螨（红蜘蛛）、刺蛾（毛虫）等。

✿ 旺家小常识

桂花是中国传统十大名花，不仅寓意美好，还富有香气，是难得的秋季香花植物。种植在自家庭院内，既可嗅其香，还可取其花制作

桂花茶点，是理想的庭院香花植物。

山茶科山茶属

山茶

别名：薮春、山椿、耐冬、晚山茶、茶花、洋茶

花语：可爱、谦逊、谨慎、美德、理想的爱、了不起的魅力

易活指数：★★★★☆

花果期：花期 1~4 月

✿ 栽培心经

土壤：露地栽培，要求土层深厚、疏松，排水性好，土壤 pH5~6。碱性土壤不适宜茶花生长。盆栽土用肥沃疏松、微酸性的壤土或腐叶土。

温度：山茶最适宜的生长适温为 18~25℃。

光照：宜于散射光下生长。

✿ 护花常识

水肥管理：山茶喜肥，在上盆时就要注意在盆土中施入基肥，以磷钾肥为主。平时不宜施肥太多，一般在花后 4~5 月间施 2~3 次稀薄肥水。

繁育技术：扦插为主。

换盆技巧：山茶盆栽可 1~2 年翻盆 1 次，新盆宜大于旧盆一号，

以利根系的舒展发育。翻盆时间宜在春季 4 月份，秋季亦可。结合换土适当去掉部分板结的旧土，换上肥沃疏松的新土，并放置基肥。

整枝技巧：山茶的生长较缓慢，不宜过度修剪。

越冬防护：山茶的耐寒品种能短时间耐 –10℃，一般品种越冬适

温为 –3~4℃。

常见病虫害：病害有炭疽病、根结线虫病、煤烟病等，虫害有介壳虫、茶黄毒蛾等。

槭树科槭树属

红枫

别名：红颜枫、羽毛枫

花语：坚毅、岁月的轮回、远虑、自制力、热忱、激情奔放

易活指数：★★★★

花果期：花期 4~5 月，果期 10 月

◎ 栽培心经

土壤：对土壤要求不严，适宜在肥沃、富含腐殖质的酸性或中性沙壤土中生长，不耐水涝。

温度：喜光但怕烈日，属中性偏阴树种，虽然喜温暖但比较耐寒。

光照：较耐阴，忌烈日暴晒，但春、秋季能在全日照下生长。

❀ 护花常识

水肥管理：喜湿润，但除夏季浇水要充足外，平时浇水不能过多，以经常保持盆土湿润为好，这样有利于保持树姿优美。每年5~8月，一般每月施1次稀薄饼肥水，从9月起改施以钾肥为主的液肥，如1%的硫酸钾溶液或草木灰浸出液，以利叶色红艳。

繁育技术：嫁接、扦插。

换盆技巧：移栽最佳时间是3~4月，盆径要比较大，以满足植株生长需求，新上盆后不要让盆土过湿，可在树周围喷水营造湿润的环境。

整枝技巧：适度修剪，保持根冠平衡。

越冬防护：红枫喜温暖，虽也比较耐寒，但温度过低最好移入室内。

常见病虫害：地下害虫有蛴螬、蝼蛄等，侵食枝叶害虫有金龟子、刺蛾、蚜虫等，蛀杆性害虫有天牛、蛀心虫等，病害则有褐斑病、白粉病、锈病等。

木棉科瓜栗属

马拉巴栗

别名：发财树、大果木棉、栗子树、中美木棉、美国花生

花语：招财进宝、财源滚滚、兴旺发达、前程似锦

易活指数：★★★★

花果期：花期5~11月

❀ 栽培心经

土壤：喜肥沃疏松、透气保水的沙壤土，喜酸性土，忌碱性土或黏重土壤，较耐水湿，也稍耐旱。

温度：喜高温，北方需防寒越冬。

光照：盛夏适当遮阴，避免强光暴晒。

❀ 护花常识

水肥管理：喜中湿环境，浇水以保持盆土均匀湿润为宜。盆栽的瓜栗要求盆土不宜过湿，所以浇水量要适当，宁少勿多。其生长迅速需要较充足的肥料，上盆长芽后每周喷施 1 次肥，生长旺季忌偏施氮肥，以免徒长。

繁育技术：扦插，播种。

换盆技巧：1~2 年就应换 1 次盆，于春季出房时进行，并对黄叶及细弱枝等做修剪，促其萌发新梢。

整枝技巧：为保持低矮茂密株型，可通过修剪来控制需要的高度或造型。

越冬防护：冬季保持盆土适当干燥，浇水做到见干见湿。

常见病虫害：病害有叶斑病，虫害有介壳虫、粉虱和卷叶螟。

❀ 旺家小常识

发财树是这种植物更广泛被人们接受的名字。正因为这样一个好名字，许多人喜欢在大厅里摆上一盆。但要注意，发财树喜欢阳光，应放在窗边有散射光的地方种植。

樟科樟属

兰屿肉桂

别名：平安树

花语：祈求平安、合家幸福、万事如意

易活指数：★★★★

花果期：花期 6~7 月，果期 8~9 月

❀ 栽培心经

土壤： 栽培宜用疏松肥沃、排水良好、富含有机质的酸性沙壤土。

温度： 生长适温为 20~30℃，冬季需室内越冬。

光照： 喜阳光充足，喜温暖。

❀ 护花常识

水肥管理： 喜温暖湿润环境，不耐干旱、积水。应经常给叶面和周围环境喷水，为其创造一个相对湿润的局部小环境。其需肥量较大。

繁育技术： 扦插、播种。

换盆技巧： 小株应每年换盆 1 次，大株可 2 年换盆 1 次，生长季节每月松土 1 次，特别是大雨过后要及时检查花盆，发现盆内有积水要尽快倒除，并更换疏松的盆土。盆栽植株每年的翻盆换土时间，应安排在春季

出房后至萌芽前较合适。

整枝技巧： 通过打顶来控制高度，可将过密的枝条和枯枝剪掉，以保持良好的观赏形态。

越冬防护： 温度低于 5℃ 可能会被冻死，最好移入室内。

常见病虫害： 病害有炭疽病、褐根病，虫害有卷叶虫和蚜虫。

五加科幌伞枫属

幌伞枫

别名： 幸福树、辣椒树、山菜豆树、接骨凉伞、绿宝

花语： 平安，幸福

易活指数： ★★★★

花果期： 花期 5~9 月，果期 10~12 月

土壤： 较耐干旱，贫瘠，但在肥沃和湿润的土壤上生长更佳。

温度： 最适生长温度为 20~30℃。

光照： 喜光，喜温暖湿润气候。

水肥管理： 盆栽宜用森林表土或塘泥，施干粪及钙镁磷等做基肥，以后视叶片生长情况，每年施氮肥数次。

繁育技术： 播种和扦插。

换盆技巧： 养护得法会生长很快。换盆用的培养土及组分比例可以选用下面的一种：菜园土：炉渣为 3：1；或者园土：中粗河沙：锯末（菇渣）为 4：1：2；或者用水稻土、塘泥、腐叶土中的一种。

整枝技巧： 冬季植株进入休眠或半休眠期，要把瘦弱、有病虫、枯死、过密枝条剪掉。也可结合扦插对枝条进行整理。

越冬防护： 不耐 0℃ 以下的低温，故低温地区只宜盆栽，置室内防寒越冬。

常见病虫害： 病害主要是幼苗期容易患立枯病。

瑞香科瑞香属

金边瑞香

别名： 瑞香、睡香、露甲、风流树、蓬莱花

花语： 祥瑞吉祥

易活指数： ★★★★☆

花果期： 花期 3~5 月，果期 7~8 月

土壤： 盆土宜用肥沃疏松、富含腐殖质、带酸性的腐叶土，掺拌适量的河沙和腐熟的饼肥。

温度： 怕高温炎热，气温超过 25℃ 就停止生长。

光照： 喜半阴。

❀ 护花常识

水肥管理：根为肉质，平时养护管理要特别注意控制浇水。较喜肥，生长季应每隔 10 天左右浇 1 次稀薄液肥。开花前后宜各追施 1 次稀薄饼肥水。

繁育技术：扦插繁殖。

换盆技巧：一般 2 年换 1 次盆土，换盆在早春芽未萌动时进行。瑞香脱盆后，除去根部外层土壤，留心土加新培养土栽种。栽种深度与原深度一致，如植株较大时应换大盆。栽后压实盆土，浇透水，放在阴凉通风处养护 10~15 天后，可进行正常管理。

整枝技巧：金边瑞香枝干丛生，萌发力较强，耐修剪，花后须进行整枝。

越冬防护：秋末使盆土处于半干状态，促其生长势减缓，有利于越冬。冬季生长停滞时，盆土宜偏干，浇水宜少。

常见病虫害：病害有花叶病，虫害有蚜虫和介壳虫。

❀ 旺家小常识

瑞香是一种热门的年宵花卉，不仅因其名字祥瑞，还因其散发出的淡淡清香，能馥满厅堂。

桑科榕属

人参榕

别名：河豚树

花语：长寿、吉祥、荣华富贵

易活指数：★★★★☆

❀ 栽培心经

土壤：河沙或沙土栽培最佳。

温度：生长温度 18~33℃。

光照：春秋季节可以放置于有

适当光照的地方，夏季放于无阳光直射的地方。

✿ 护花常识

水肥管理：浇水要见干见湿，盆土宜经常保持湿润。为了让人参榕的根部又大又肥，应多施肥料，可施入磷钾肥比例较高的肥料。生长季节正常每个月可以施肥 1 次，以磷、钾肥料为主，浅埋于植株的根部附近。

繁育技术：使用种子播种，方能养出肥胖的根部。

换盆技巧：可每 2 年换盆 1 次，时间以春季出房前为最佳。将花盆四周的土挑开，再轻轻取出硕大的块根，捣去一部分宿土，剪去一些无生命力的老化根系，重新选用新鲜肥沃、疏松排水、营养丰富的培

养土栽种。

整枝技巧：每年春秋季节可对细弱枝、病枝进行修剪，促进分枝生长。

越冬防护：冬季不能低于 10℃，低于 6℃ 极易受到冻害，应移入室内养护。

常见病虫害：黑斑病。

虎耳草科绣球属

绣球

别名：八仙花
花语：希望、忠贞、永恒、美满、团聚
易活指数：★ ★ ★ ☆
花果期：花期 4~5 月

✿ 栽培心经

土壤：对土壤要求不严，以湿润、肥沃、排水良好的壤土为宜。

温度：喜温暖、湿润和半阴环境。

光照：不可接受过强的直射光。

✿ 护花常识

水肥管理：保持湿润，但浇水不宜过多。花期肥水要充足，每半个月施肥 1 次。

繁育技术：用分株、压条、扦插法繁殖。

换盆技巧：通常 1 年要翻盆换土 1 次，在 3 月上旬进行。将植株从盆中取出，根部的泥土抖落，腐根、烂根、过长的根须剪掉，再放入新土中，将土壤压实，浇透水，放在阴凉处 10 天之后移到室外正常养护。

整枝技巧：花谢后需及时将枝条剪短，以促进分生新枝。

越冬防护：冬季盆栽稍干燥为好，过于潮湿则叶片易腐烂。

常见病虫害：病害主要有萎蔫病、白粉病和叶斑病，虫害有蚜虫和盲蝽。

山茶科山茶属

杜鹃红山茶

别名：杜鹃茶、四季茶、四季杜鹃红山茶

易活指数：★★★

花果期：盛花期是 7~9 月份，持续至次年 2 月。

✿ 栽培心经

土壤：喜排水良好、疏松

肥沃的沙质壤土。

温度：喜温暖湿润环境，最适生长年平均温度为 22.1℃，最高能耐 38.4℃，最低温能忍耐 –1.8℃。

光照：喜半阴。

❀ 护花常识

水肥管理：浇水的原则是见干见湿，保持土壤湿润。及时追肥，但不宜多施肥。

繁育技术：嫩枝嫁接，种子繁殖或扦插繁殖。

换盆技巧：在春秋两季进行，差不多两三年换盆 1 次。

整枝技巧：修剪时不宜过重，适当剪掉一些病弱枝和过密枝即可。杜鹃红山茶是多花树种，孕蕾时应适当疏蕾。

越冬防护：盆栽应移入室内。

常见病虫害：病害有根腐病，虫害有地虎、蝼蛄等。

❀ 旺家小常识

杜鹃红山茶花似山茶、叶像杜鹃，曾一度濒临灭绝，被誉为"植物界的大熊猫"，近年来被广泛用于园林。对于喜欢收集和猎奇的爱好者，不妨种上一株吧！

（二）草花种植指南

草花种植基本要求

　　草本花卉因其品种繁多、色彩艳丽、花期长、管理粗放等特点，成为改善家居环境和品位的首选花卉。草本花卉是布置花境、花坛、会场、家居的优良植物材料，并被广泛应用在公园、街道、广场、庭院、阳台、室内等环境中。当然，由于草花自身的生活习性、生长周期与一般的木本花卉有区别，我们在家养草花的过程中，还应注意以下几点基本要求。

　　★ 了解草花的生长周期

　　想种好一盆草花，首先应了解所种植草花的生长周期，如最佳播种时间、扦插时期、花期、果期等。只有在充分了解草花生长周期的基础上，才能适时适地地种好草花，保证所种植草花能够达到预期效果。

　　★ 选择合适的品种

　　草花品种选择，须综合考虑当地的气候条件，以及草花的耐热性、耐寒性对不同土质的适应性等。如在福州可以选种耐热性较强的香彩雀、虎皮兰等，在江浙一带可以选择瓜叶菊、墨西哥鼠尾草等，再往北则可以选择矾根、风信子等。当然，选择合适的品种，并不是指某些品种只能固定在某些地区种植，而是指这些品种在与它原生境更接近的气候环境下，长势会更好，而且养护管理更简单。

矾根类花卉

矾根类花卉

香彩雀

香彩雀

★ 营养土的配制

大部分草花的营养土要求结构疏松，质地轻，保水保肥性好，透气性强。可供选择的配料有腐叶土、泥炭土、松针土、谷糠、珍珠岩、蛭石、草炭、陶粒等。一般选择3~4种配料按比例混合搅拌均匀，边搅拌边喷洒多菌灵消毒，然后用不透气的塑料布覆盖，3~4天后翻开晾晒，7~10天后可装盆，装盆时可加入适量的干鸡粪或有机肥做基肥。

★ 草花的播种

草花的播种期根据它的生长周期和生长特性而定，一般选择春季播种。播种容器可直接选用花盆或育苗盘，直接用花盆播种可减少换盆步骤，但缺点是可能出苗不齐，影响美观。用育苗盘播种时，大粒种选用穴盘，每穴播种1~2粒，如三色堇、孔雀草等；小粒种子选用平盘，小粒种子可与适量的细沙先拌匀再撒播，如矮牵牛、秋海棠等。种子播种后需要用播种基质或其他基质进行覆盖，覆盖厚度以不见种子为宜。播种完成后采用雾状浇灌，不能将水直接倾倒，防止种子被冲出。出苗后要控制水分，遵循"不干不浇，浇则浇透"的原则。幼苗长到5~6片叶后，可适当追肥，以叶面追肥为主，如磷酸二氢钾稀释成1∶500倍液或尿素稀释成1∶1200倍液后喷洒叶面，每隔1周喷施1次。

★ 换盆注意事项

播种分苗或买回来的草花换盆时要注意：苗不能栽得过深，宜基本与换盆前的埋土深度相当；基生叶类草花由于生长点低（如仙客来、矾根等），易被营养土掩盖，导致腐烂，从而影响植株成活，因此种植时不宜覆土过多；夏季草花换盆后应当先放置于阴凉通风处或搭遮阳网遮阴，进行缓苗，待草花恢复生长后再搬至原先种植位置或撤除遮阳网。

墨西哥鼠尾草

★ 几种简单的花期控制方法

调节光照时间　植物可通过控制光照来调节花期。植物有长日照植物、中日照植物、短日照植物之分，在对草花花期进行光照调节前，要了解该植物的光反应周期类型，然后再进行补光或遮光处理，如矮牵牛在生长期间补充光照会促使其提前开花。

水肥调节　浇水和施肥是影响草花开花时间的重要因素。大

重瓣矮牵牛

多数草本植物，在生长期提供充足的水分，并追施适量磷钾肥，有促进开花的作用。开花末期追施氮肥，可以延缓植株衰老和延长花期。

摘心处理　矮牵牛、一串红等都可以通过摘心、摘花蕾控制花期。

入门级草花植物推荐

茄科碧冬茄属

矮牵牛

别名： 碧冬茄

花语： 白色矮牵牛的花语是存在；紫色矮牵牛的花语是断情

易活指数： ★★★★

花果期： 4月至降霜时

❀ 栽培心经

土壤： 宜用疏松肥沃、排水良好的沙壤土。家庭种植可用腐叶土、园土、粗沙按5：3：2的比例配制培养土。

温度： 生长适温13~18℃。低于4℃，植株停止生长；能耐35℃以上的高温。

光照： 长日照植物，生长期要求阳光充足。在正常的光照条件下，从播种至开花约100天。

❀ 护花常识

水肥管理： 防止过干或过湿，旱季及时浇水，保持土壤湿润即可；雨季应做好排水防涝措施。生长期每10天左右施1次薄液肥，花期多施磷肥。

繁育技术： 播种繁殖。由于种子细小，可先与细沙或细土混合后再播，播后再覆盖一层薄细土，发芽期间的温度以20~24℃为宜。

整枝技巧： 当幼苗长到10厘米左右时，应进行摘心处理，促使侧枝萌发。花谢后及时剪除残花，并剪短枝条，促进侧枝萌发和花苞孕育。

常见病虫害： 病害有白霉病、叶斑病、病毒病；虫害有蚜虫。

唇形科鼠尾草属

蓝花鼠尾草

别名： 粉萼鼠尾草、一串蓝、蓝丝线

花语： 理性

易活指数： ★★★☆

花果期： 7~10 月

🌸 栽培心经

土壤： 喜疏松肥沃、排水良好的沙质培养土。家庭种植可用腐叶土、园土、粗沙按 5：3：2 的比例配制培养土。

温度： 耐旱，耐寒性强，生长适温 15~25℃。高于 30℃，花小，植株生长停止。

光照： 需日照充足，长日照且温暖环境中植株从播种到开花的时间缩短，仅 55~60 天。反之，则需 100~115 天。夏季适当遮阳，幼苗期需阳光充足以防徒长。

🌸 护花常识

水肥管理： 遵循"见干见湿，浇则浇透"的原则，高温时忌长时间淋雨。幼苗期以氮肥为主，成苗期以磷、钾肥为主，稀释成 500 倍液每周施 1~2 次。

繁育技术： 播种、扦插繁殖。可自花授粉，种子需及时采收。

换盆技巧： 待植株有 2~3 片真叶后可移植上盆，基质宜选择透气的培养土加有机肥和复合肥。

整枝技巧： 苗高 10~15 厘米时摘心，以促进侧枝萌发；花谢后及时修除残花，诱导萌发新枝。

常见病虫害： 病害有霜霉病、叶斑病；虫害有粉虱、蚜虫。

百合科郁金香属
郁金香

别名： 洋荷花、郁香、荷兰花
花语： 博爱、体贴、高雅、富贵、善良
易活指数： ★★★★
花果期： 4~5 月

❀ 栽培心经

土壤： 要求腐殖质丰富、疏松、排水良好的微酸性沙质壤土。家庭种植可用腐熟松针土、腐叶土、园土、粗沙按 3：3：2：2 的比例配制培养土。

温度： 耐寒性强，夏季高温休眠，8℃以上可正常生长，可耐 -14℃低温，开花适温 15~20℃。

光照： 种球发芽时应避免阳光直射，成株后需充足光照。

❀ 护花常识

水肥管理： 定植后应浇足水，发芽后可减少水量，开花期则应遵循"少量多次"的原则，保持土壤湿润即可。种植前应施足基肥，以干鸡粪或腐熟的堆肥为佳，发芽后可追施 1~2 次液肥，生长旺季每月施 3~4 次氮磷钾复合肥；花期停止施肥，花后施 1~2 次复合液肥。

繁育技术：分球、播种繁殖。家庭种植以购买种球为主。

上盆技巧：每年 11~12 月选择饱满的种球 3~4 球种植于直径 17~20 厘米的花盆内，覆土不宜过深，以球尖刚好露土为宜，之后浇透水即可。

种球贮藏：收获的种球应尽量放于通风、干燥、凉爽的地方。

常见病虫害：病害有菌核病、灰霉病、碎色花斑病、病毒病和腐烂病；虫害有根螨、蓟马和蚜虫。

百合科风信子属

风信子

别名：洋水仙、西洋水仙、五色水仙、时样锦

花语：胜利、喜悦、爱意、幸福、浓情、倾慕、生命、永远的怀念

易活指数：★★★★★

花果期：3~4 月

☼ 栽培心经

土壤：要求排水良好、疏松肥沃、富含有机质的沙质壤土。家庭种植可用腐叶土、园土、粗沙按 5：3：2 的比例配制培养土。

温度：生长适温 10~25 ℃，鳞茎的贮藏温度为 20~28℃，可耐受短时霜冻。

光照：叶片生长期需充足光照，以促进花茎生长，开花后移至半阴处可延长花期。

❀ 护花常识

水肥管理：鳞茎生根期以土壤稍湿润为宜，有利于根系生长；叶片期和生长期需充足的水分；盛花期应减少水量；休眠期则要停止浇水。生长期每半个月施 1 次复合肥，花后施磷钾肥。

繁育技术：分球、播种繁殖。家庭种植以购买种球为主。

上盆技巧：用壤土、腐叶土、

粗沙等配制营养土，并施足基肥，一般 10 厘米口径盆栽 1 球，15 厘米口径盆栽 2~3 球，覆土不宜过深，以球尖刚好露土为宜，之后浇透水即可。一般 10~11 月栽植，3 月开花。

水培技巧：每年 12 月份选择饱满种球置于阔口收颈的玻璃瓶内，加水至仅浸至种球底部即可，并加入少许木炭以助于消毒和防腐。用黑布遮住瓶子，并放置在阴暗的地方，经过约 20 天的萌发后，再移至室外接受阳光照射，时间由初期的每天 1~2 小时，逐步增至 7~8 小时，如果外界环境气候变化不大，春节即可开花。

常见病虫害：病害有寄生性顶腐烂、软腐病、菌核病和病毒病。

石蒜科孤挺花属

朱顶红

别名：红花莲、孤挺花、对
对红、百枝莲

花语：渴望被爱、追求爱

易活指数：★★★★★

花果期：4~6 月

🌸 栽培心经

土壤：要求排水良好、富含有机质的沙质壤土，忌黏重土壤。家庭种植可将腐叶土、园土、粗沙按 5：3：2 的比例配制培养土。

温度：生长适温 15~20℃。冬季休眠期可冷凉干燥。

光照：喜光，但忌强光直射。

🌸 护花常识

水肥管理：浇则浇透，保持土壤湿润即可，但忌水分过多、排水不良。生长期每半个月施肥 1 次，花期停止施肥，花后以磷钾肥为主追肥。盆栽可用过磷酸钙作基肥。

繁育技术：分球、播种、切割鳞茎繁殖，又以分球繁殖为主。

换盆技巧：每年春季进行 1 次换盆，先剪除母球的小球和残根，晾晒几天后上盆，覆土不宜过深，需约 1/3 种球露出土面。定植后浇透水，待新叶长出后再浇水。

越冬防护：冬季将原盆带土置于室内通风处，保持盆土干燥；若

盆土过于潮湿，会妨碍植株休眠，影响翌年正常开花。盆栽越冬的植株比干藏越冬的植株抽生花叶早。

常见病虫害：病害有病毒病、斑点病、线虫病和赤斑病。

石蒜科君子兰属

君子兰

别名：大叶石蒜、剑叶石蒜、达木兰

花语：高贵，有君子之风。

易活指数：★★★★

花果期：6~7 月

❀ 栽培心经

土壤：喜疏松肥沃、排水良好、富含腐殖质的微酸性壤土。家庭种植可用腐熟松针土、粗沙、园土按5∶3∶2的比例配制培养土。

温度：喜凉爽，生长适温15~25℃，10℃则停止生长，0℃受冻害。

光照：喜散射光，忌强光直射。

❀ 护花常识

水肥管理：时常关注盆土干湿情况，盆土半干时可浇水，但浇的量不宜过多，保持盆土润而不潮即可；生长期每月施复合肥 1 次，抽出花箭前加施磷钾肥 1~2 次。

繁育技术：播种、扦插、分株繁殖，家庭养殖以分株繁殖为主。

换盆技巧：换盆选择在春、秋两季进行，此时君子兰生长旺盛，

换盆不会影响植株的生长。换盆最关键的步骤是要把根部用土装实，不然水分和养分就到不了根部，易造成烂根。

越冬防护：将花盆移至室内光照充足的地方。

常见病虫害：病害有叶片枯萎病、叶斑病、细菌性腐烂病、白绢病、软腐病、炭疽病；虫害有介壳虫。

石蒜科葱莲属

韭兰

别名：韭莲、风雨花
花语：坚强勇敢地面对
易活指数：★★★★★
花果期：4~9 月

❀ 栽培心经

土壤：喜疏松肥沃的沙质壤土。家庭种植可用腐叶土、粗沙、园土按 5：3：2 的比例配制培养土。

温度：适宜生长温度为 22~30℃，温度低于 10℃ 则停止生长，如有霜冻则不能安全越冬。

光照：喜光，也耐半阴，但荫蔽处不易分生子球，也不易开花。

❀ 护花常识

水肥管理：生长期间浇水要充足，宜经常保持盆土湿润，但不能积水；干旱气候可向叶面上喷水，以增加空气湿度。每年结合分球换盆施基肥，每 2 ~ 3 个月施用 1 次复合肥，可按比例适当增加磷钾肥，以促进鳞茎生长、花芽发育。

繁育技术：可用分株法或鳞茎栽植法繁殖，全年均能进行，但以

春季最佳。

换盆技巧：换盆时间宜选择在春季，将满盆的韭兰掘取出来，分成若干份，每份3~5个鳞茎，注意勿使球根受伤。然后栽植到装好基质的新盆中，栽种深度以鳞茎顶稍露出土面为宜。浇透水，使土壤保持适当的湿度即可。若鳞茎叶片及

花茎较多时，可将叶片上部剪除；若有已萌发的花蕾，定植后充分浇水，仍能开花。

越冬防护：将花盆移至室内光照充足的地方。

常见病虫害：病害有叶锈病、斑点病；虫害有蛴螬。

菊科瓜叶菊属

瓜叶菊

别名：富贵菊、黄瓜花
花语：喜悦、快活、快乐、合家欢喜、繁荣昌盛
易活指数：★★★★
花果期：1~4月

❀ 栽培心经

土壤：喜富含腐殖质、排水良好的沙质土壤。家庭种植可将腐叶土、园土、粗沙按6：2：2的比例配制培养土。

温度：喜温暖、不耐高温，适宜生长温度为10~20℃。高于21℃时植株会出现徒长现象，不利于花芽的形成；低于5℃时停止生长发育，0℃以下即发生冻害。

光照：喜阳光充足。但过分强烈的阳光会引起叶片卷曲，缺乏生气。

❀ 护花常识

水肥管理：生长期间浇水要充足，宜经常保持盆土湿润，忌排水不良；生长期每10天施1次薄液肥，在现蕾期施1~2次磷钾肥，少施或不施氮肥，以促进花蕾生长。

繁育技术：一般采用播种繁殖，

也可扦插繁殖。

换盆技巧：选取盆径为 15~18 厘米的塑料盆或泥瓦盆。将沙壤土、木屑、饼肥以 6：3：1 的比例配制成基质，在上盆前 1 个月备好。上盆时将瓜叶菊基部 3~4 节的侧芽抹去，从而使更多的养分供给上部花枝，有利于花多、花大、色艳。

越冬防护：将花盆移至室内光照充足的地方。

常见病虫害：病害有白粉病、根腐病、茎腐病、黄萎病；虫害有红蜘蛛、蚜虫、毒蛾幼虫。

菊科大丽花属
大丽花

别名：大理花、天竺牡丹
花语：感激、新鲜、新颖、新意
易活指数：★★★★★
花果期：9~10 月

🌸 栽培心经

土壤：喜疏松肥沃、排水良好的沙质土壤。家庭种植可用腐叶土、粗沙、园土按 5：3：2 的比例配制培养土。

温度：喜凉爽气候，高温季节应采取喷水等降温措施，生长适宜温度为 15~25℃。

光照：喜半阴，阳光过强影响开花，幼苗要避免阳光直射。

☘ 护花常识

水肥管理：不耐旱，也不耐涝，忌积水，夏季高温时尽量多向叶面喷水，可达到降温和补水的效果；喜肥植物，生长期每月追施薄肥4~5次，夏季温度大于30℃时禁止施肥。

繁育技术：分根和扦插繁殖是主要繁殖方式，也可播种繁殖。

整枝技巧：幼苗期需进行摘心处理，以促使萌发侧枝，7月至8月上旬对植株进行短截，9至10月份可开出高质量的花。

常见病虫害：病害有根瘤病、褐斑病、白粉病、灰霉病、花叶病毒病；虫害有食心虫、蚜虫、红蜘蛛、大丽花螟蛾。

玄参科香彩雀属

香彩雀

别名：天使花、水仙女、蓝天使、柳叶香彩雀

花语：纯真、幸福

易活指数：★ ★ ★ ★ ★

花果期：6~9月，高温地区全年开花

☘ 栽培心经

土壤：喜疏松肥沃、排水良好的土壤。家庭种植可用腐叶土、粗沙、园土按5∶3∶2的比例配制培养土。

温度：喜温暖、耐高温、不耐寒，适生温度16~28℃。

光照： 生长期需充足的光照，夏季中午应适当遮阴。

🌸 护花常识

水肥管理： 喜高温多湿，因此栽培过程中要保证土壤的湿润；种植前在基质中加适量常效复合肥作基肥，生长期每月施2~3次稀薄液肥，以氮肥和钾肥为主，花期多施磷肥以促进开花。

繁育技术： 播种或扦插繁殖，成活率极高，春、夏、秋三季均可进行。

整枝技巧： 分枝性好，种植过程中不需摘心，定期剪除凋谢的花枝和枯叶即可。

越冬防护： 冬季温度低于10℃时应移至室内向阳处。

常见病虫害： 病害有花叶病；虫害有蚜虫和粉虱。

毛茛科铁线莲属

铁线莲

别名： 铁线牡丹、番莲、威灵仙

花语： 高洁，美丽的心

易活指数： ★★★

花果期： 1~2月

🌸 栽培心经

土壤： 喜疏松肥沃、排水良好的碱性壤土，忌积水或不能保水的土壤。家庭种植可用腐叶土、园土、粗沙按6：3：1的比例配制培养土。

温度： 适生温度为15~25℃。温度高于35℃时，叶片发黄甚至落叶；低于5℃时，进入休眠期；休眠期的第一、二周，开始落叶。

光照： 需充足的阳光，保持每天6小时以上的直接光照。

🌸 护花常识

水肥管理： 对水敏感，过干或过湿都不利于生长，生长期每3~4天浇1次透水，休眠期保持土壤湿润即可；结合换盆施足基肥，生长期每月喷洒2~3次复合液肥，花期追施 1 次磷酸肥，以促进开花。

繁育技术：播种、压条、嫁接、分株或扦插繁殖均可。

换盆技巧：每年翻盆 1 次，换盆时应保持主根系周围的原土球完整不松散，除去腐烂、枯萎的病根肉根后，将整个土球置入新盆内，填充好培养土，浇透水即可。

整枝技巧：每年进行 1 次修枝，修枝的时间要在花期过后，将过密或瘦弱的枝条剪取，并使新生枝条能有更大的伸展空间，但不能剪掉

已木质化的枝条。

越冬防护：耐寒性强，可耐 −20℃低温，无需特殊的越冬防护。

常见病虫害：病害有枯萎病、粉霉病、病毒病等；虫害有红蜘蛛、刺蛾。

夹竹桃科蔓长春花属

花叶蔓长春

花语：愉快的回忆、青春常在、坚贞

易活指数：★★★★★
花果期：3~5 月

❀ 栽培心经

土壤：喜疏松、富含腐殖质的沙质壤土，可用腐叶土、河沙混合作为基质。

温度：较喜温暖，耐低温。冬季在 −7℃环境条件下，露地种植无

冻害现象。

光照：需光照充足的环境。盛夏要避免强光直射，应适当遮阴。

❀ 护花常识

水肥管理：生长期要充分浇水，

保持盆土湿润，但不能积水；每月施液肥 1~3 次，使枝蔓能快速生长，并保持叶色浓绿光亮。

繁育技术：可扦插、分蘖、压条繁殖，但以扦插繁殖为主。

整枝技巧：生长季节可进行多次摘心，以促进分枝，还可在节部堆土促生不定根，夏、秋季应适当修剪控制枝蔓长度。

常见病虫害：病害有枯萎病、

溃疡病和叶斑病；虫害有介壳虫、根疣线虫。

凤仙花科凤仙花属

新几内亚凤仙花

别名：五彩凤仙花

花语：怀念过去、别碰我

易活指数：★★★★

花果期：6~8 月

❀ 栽培心经

土壤：喜肥沃、富含有机质、排水良好的沙质壤土。家庭种植可用腐叶土、园土、粗沙按 5：3：2 的比例配制培养土。

温度：生长适宜温度在 16~25℃，高于 25℃时花会变小，高于 30℃时须提高相对湿度才能正常生长。低于 15℃时停止生长，7℃以下会受冻害。

光照：需光照充足，但忌烈日暴晒。

❀ 护花常识

水肥管理：喜湿怕旱、忌水涝，浇水应见干见湿，浇至盆底出水即止，积水会烂根，过干则会落花落叶，同时要保持一定的空气湿度，每隔7~10天向植株喷水1次；苗期时可适当施点氮肥，生长期、花期每10~15天应施一次叶肥或氮磷钾复合肥，忌单施氮肥，否则会叶多花少。

繁育技术：播种、扦插繁殖，以扦插繁殖为主，春、秋两季为适期。

整枝技巧：在幼苗期进行摘心，可促使萌发侧枝；花期早期摘除早开的花朵及花蕾，能使植株生长健壮，发育更多的花蕾。

越冬防护：冬季气温低于10℃时，应将盆栽移至室内通风、向阳的地方。

常见病虫害：病害有立枯病、褐斑病、白粉病；虫害有红天蛾。

天南星科合果芋属

合果芋

别名：箭叶芋、长柄合果芋、丝素藤、白蝴蝶

花语：悠闲素雅，恬静怡人

易活指数：★★★★★

花果期：不易开花

◆ 栽培心经

土壤：喜疏松肥沃、排水良好的沙质壤土。同时，也可无土栽培。家庭种植可用腐叶土、园土、粗沙按5：3：2的比例配制培养土。

温度：喜高温高湿的环境，不耐寒，生长适宜温度为20~30℃，低于10℃停止生长，低于5℃出现冻害。

光照：喜散光，对光照的适

应性很强，但阳光太强则叶边会枯黄，光线太暗则会让叶片无光，花纹也会褪去。

✿ 护花常识

水肥管理： 喜湿怕旱，夏季生长旺盛期要充分浇水，并保持盆土的湿润；喜肥，每月施加 2~3 次稀薄液肥，有机肥或复合肥均可。

繁育技术： 扦插、分株繁殖。

越冬防护： 冬天低于 15℃时移

至室内通风处。

常见病虫害： 病害有叶斑病、灰霉病；虫害有粉虱、蓟马。

虎耳草科矾根属

矾根

别名： 珊瑚铃
易活指数： ★★★★
花果期： 4~10 月

✿ 栽培心经

土壤： 喜湿润肥沃、排水良好、富含腐殖质的中性偏酸土壤。家庭种植可用腐熟松针土、园土、粗沙按 5：3：2 的比例配制培养土。

温度： 耐寒，在 –15℃以上生长良好，高于 30℃时停止生长。

光照： 喜光，忌强光直射，也耐阴。

✿ 护花常识

水肥管理： 浇水遵循"见干见湿"的原则，保持盆土湿润即可，但忌积水；在含肥量较少的基质中，长势更旺，可在种植的时候加入适量基肥或缓释肥，生长旺盛期每月施 1 次稀薄液肥即可。

繁育技术： 主要采用播种、分株繁殖，也可采用叶子扦插繁殖。

整枝技巧： 及时剪除枯叶和凋谢的花枝即可。

越冬防护： 当环境温度低于 −15℃时移至室内通风处。

常见病虫害： 病害有灰霉病、根腐病；虫害为蚜虫。

秋海棠科秋海棠属

秋海棠

别名： 秋花棠、八月春、相思草
花语： 相思、亲切、诚恳
易活指数： ★★★★★
花果期： 7~8 月

竹节秋海棠

❀ 栽培心经

土壤： 喜湿润肥沃、富含腐殖质、排水良好的微酸性土壤。家庭种植可用腐熟松针土、园土、粗沙按 5 ∶ 3 ∶ 2 的比例配制培养土。

温度： 生长适温为 19~25℃，低于 10℃叶片受冻害。

光照： 适合在半阴或散射光下生长，若强光直射易造成叶片灼伤。

❀ 护花常识

水肥管理： 浇水遵循"见干见湿"的原则，保持盆土湿润即可，

蟆叶秋海棠

虎斑秋海棠

但忌积水；生长期每半个月施 1 次稀薄液肥，夏季高温时停止施肥。

繁育技术：主要采用播种、扦插繁殖。

越冬防护：当环境温度低于10℃时移至室内通风处。

常见病虫害：病害有叶斑病、灰霉病、根腐病、猝倒病、枯萎病。

彩叶秋海棠

百合科天门冬属

文竹

别名：云片松、刺天冬、云竹

花语：永恒、纯洁的心

易活指数：★★★★

花果期：9~10 月

🌸 栽培心经

土壤：喜疏松肥沃、排水良好、富含腐殖质的沙质壤土。家庭种植可用腐叶土、园土、粗沙按 5 ∶ 3 ∶ 2 的比例配制培养土。

温度：生长适温为 15~25℃，越冬温度为 5℃。

光照：适合在半阴通风的环境生长，夏季忌阳光直射。

🌸 护花常识

水肥管理：浇水做到"不干不浇，浇则浇透"，保持盆土湿润即可，夏季通过叶面喷水的方式增湿降温，冬天少浇水；不好肥，生长过程中可少量多次追肥，不可施浓肥，否则会导致叶黄，生长期每月要追施 1~2 次含有氮、磷的薄液肥。

繁育技术：分株繁殖。

整枝技巧：当主枝上的叶状枝

生长位置不理想或缺失时，可对主枝进行适当地短截修剪，迫使隐芽萌发；当枝叶被日光灼伤或盆土过干而生长不良时，可将全部叶状枝剪除，促使萌生新枝，修剪后还应

适当减少浇水量，不可使盆土过湿。

越冬防护：当环境温度低于5℃时移至室内通风处。

常见病虫害：病害为叶枯病；虫害有介壳虫、蚜虫等。

百合科玉簪属

玉簪

别名：玉春棒、白鹤花、白萼

花语：脱俗、冰清玉洁

易活指数：★★★★★

花果期：7~9 月

❁ 栽培心经

土壤：喜疏松肥沃、排水良好、富含腐殖质的沙质壤土。家庭种植可用腐叶土、园土、粗沙按 5 ：3 ：2 的比例配制培养土。

温度：耐寒，可在 0~5℃的环境下过冬，高于 34℃时需人工增湿降温。

光照：喜阴，应植于不受阳光直射的遮阴处。

❁ 护花常识

水肥管理：生长期要勤浇水，以保持土壤湿润，秋、冬季适当控制浇水。生长期每 7~10 天施 1 次稀薄液肥，发芽期和开花前可施氮肥及少量磷肥作追肥，冬季停止施肥。

繁育技术：分株、播种繁殖。

整枝技巧：及时剪除枯叶、黄叶。

越冬防护：搬到不低于 0℃的室内越冬；无法搬动时，可用稻草包被或用土堆埋来保温。

常见病虫害：病害有日灼病、炭疽病、叶点霉斑点病、灰斑病；虫害有蜗牛、蚜虫、白粉虱。

百合科虎尾兰属

金边虎尾兰

别名：虎皮兰、千岁兰、锦兰
花语：坚定、刚毅
易活指数：★★★★★
花果期：11 月

✿ 栽培心经

土壤：喜疏松、排水良好的沙质壤土，耐干旱和瘠薄。家庭种植可用腐叶土、园土、粗沙按5：3：2的比例配制培养土。

温度：喜温暖。生长适温为20~25℃，低于13℃则停止生长。

光照：需阳光照射，光照条件越好，叶色越鲜艳。

✿ 护花常识

水肥管理：浇水适中，见干见湿即可，忌过湿；喜薄肥，在生长期每月结合浇水施薄肥1~2次。

繁育技术：分株、扦插繁殖。

换盆技巧：每年春季气温回升后进行换盆并分株。将全株从旧盆中脱出，清除旧培养土和干枯根茎，并沿根茎走向，以每3~4枚成熟叶为一丛，切分为若干分株，然后分别用新培养土上盆种植即可。

整枝技巧：及时剪除枯叶、

病叶。

越冬防护：冬季搬至不低于8℃的室内，否则受冻易腐烂。

常见病虫害：病害有腐烂病、日灼病；虫害有介壳虫。

虎尾兰具有超强的吸收甲醛能力，能净化空气。在搬入新居之前，务必先请虎尾兰来为家人健康保驾护航！

报春花科仙客来属

仙客来

别名：萝卜海棠、兔耳花、篝火花

花语：内向

易活指数：★★

花果期：2~3月

❂栽培心经

土壤：喜疏松肥沃、排水良好的沙质壤土。家庭种植可用腐叶土、粗沙、园土按5：3：2的比例配制培养土。

温度：生长适温为10~20℃，30℃以上停止生长，0℃会发生冻害。

光照：喜光，孕蕾期要有充足的光照。

❂护花常识

水肥管理：喜湿怕涝，不可大量浇水，保持盆土湿润即可；喜肥，在生长期，每周结合浇水施1次磷肥。

繁育技术：播种、分割块茎繁殖。

整枝技巧：及时剪除枯叶、

残花。

越冬防护：冬季搬至室内通风向阳处。

常见病虫害：病害有根结线虫病、灰霉病、病毒病；虫害有蚜虫、蛞蝓、介壳虫、蓟马。

天南星科花烛属

红掌

别名：火鹤、花柱、安祖花

花语：大展宏图、热情、热血

易活指数：★★★★

花果期：常年开花不断

❀ 栽培心经

土壤：盆栽红掌的土壤要具有良好的通透性和排水性，家庭种植可将腐叶土、园土、陶粒、干树皮按 4：3：2：1 的比例配制培养土。

温度：适生温度为 20~30℃，越冬温度不低于 14℃。

光照：喜光，但忌阳光直射，宜放置于散射光充足的室内。

❀ 护花常识

水肥管理：根据盆土的干燥程度来进行浇水，一般春、夏、秋三季每 2~3 天浇水 1 次，夏季中午还应向叶面喷雾以增加湿度，冬季每 5~7 天浇水 1 次；施肥时坚持"薄肥勤施"的原则，选用氮、磷、钾比例为 1：2：1 的复合肥，配制成浓度为 0.1% 的液肥，于生长期每周喷洒 1 次。

繁育技术：分株、扦插、播种繁殖。

整枝技巧：生长期及时剪除枯枝残枝、去吸芽、除老花，避免营养过多地消耗，影响开花。

越冬防护：室外温度低于 15℃时，移至室内向光通风处。

常见病虫害：病害有细菌性枯

萎病、根腐病、叶斑病；虫害有红蜘蛛、线虫、菜青虫、白粉虱、蓟马、蜗牛、介壳虫。

天南星科苞叶芋属

白鹤芋

别名：白掌、和平芋、一帆风顺

花语：事业有成、一帆风顺

易活指数：★★★★

花果期：5~8 月

❀ 栽培心经

土壤：以疏松肥沃、含腐殖质丰富的壤土为好。家庭种植可用腐叶土、泥炭土、陶粒按 6：2：2 的比例配制培养土，种植时加少量有机肥作基肥。

温度：生长适温为 22~28 ℃，温度低于 10 ℃植株停止生长，叶片易受冻害。

光照：喜半阴环境,忌强光暴晒。

❀ 护花常识

水肥管理：生长期保持盆土微湿即可，不能过多浇水，若盆土长期潮湿，容易引起烂根和植株枯黄；施肥时坚持"薄肥勤施"的原则，选用氮、磷、钾比例为 1：2：1 的复合肥，配制成浓度为 0.1% 的液肥，于生长期每周喷洒 1 次。

繁育技术：分株、播种繁殖，家庭种植以分株繁殖为主。

换盆技巧：每隔 1~2 年换盆 1 次。将全株从旧盆中脱出，清除旧培养土、干枯和过长根茎，伤口用木炭灰涂抹，防止腐烂，换置新培养土，待根系恢复后进入正常养护管理。

整枝技巧：生长期及时剪除枯枝、残枝、老花，避免营养过多地消耗，影响开花。

越冬防护：室外温度低于 15℃时，移至室内向光通风处。

常见病虫害：病害有根腐病、叶斑病；虫害有螨虫、蜗牛、介壳虫。

天南星科麒麟叶属

绿萝

别名：魔鬼藤、黄金葛、黄金藤

花语：守望幸福

易活指数：★★★★★

花果期：5~8 月

❀ 栽培心经

土壤：喜富含腐殖质、疏松肥沃的微酸性土壤。家庭种植可用松针土、泥炭土、陶粒按 6：2：2 的比例配制培养土，种植时加少量有机肥作基肥。

温度：生长适温为 20~30℃，冬季室温不低于 15℃。

光照：喜阴，忌阳光直射。

❀ 护花常识

水肥管理：生长期保持盆土湿润即可，温度较低时要减少浇水；施肥时坚持"薄肥勤施"的原则，以氮肥为主、钾肥为辅，生长期每10 天施肥 1 次。

繁育技术：扦插繁殖。

换盆技巧：每隔 1~2 年换盆 1 次。将全株从旧盆中脱出，清除旧培养土，以及干枯和过长的根茎，伤口用木炭灰涂抹，防止腐烂，再换置新培养土，待根系恢复后进入正常养护管理。

整枝技巧：生长期及时剪除枯枝、黄叶。

越冬防护：室外温度低于 15℃时，移至室内向光通风处。

常见病虫害：炭疽病、根腐病、叶斑病。

鹤望兰

别名：天堂鸟，极乐鸟花
花语：热烈的相爱、相拥、
幸福快乐
易活指数：★ ★ ★
花果期：冬季

❀ 栽培心经

土壤：要求排水良好的疏松、肥沃、pH 6~7 的沙壤土。

温度：在 18~30℃ 范围内生长良好。最好保证晚上温度（13~18℃）和白天温度（31~35℃）。

光照：每天要有不少于 4 小时的直接光照，最好是整天有亮光。

❀ 护花常识

水肥管理：要保证充足的水分供应。除了 9 月至次年 2 月需要保持土壤干燥以外，其他时节应保持土壤湿润。

繁育技术：播种、分株繁殖。

换盆技巧：早春 2~3 月份结合换土时进行换盆。将植株从花盆中倒出，轻轻除去土坨外围的旧土，勿将肉质根折断，在背阴处晾 1~2 天，待其根系变软后，再用利刀从根隙处带根切下周围长出的分蘖苗株，使每个小丛带 2~3 个芽，每个芽有 2~3 条肉质根。在切口处涂以草木灰，使之干燥形成保护层，然后重新用木桶、陶瓷缸或白色塑料深盆栽种。

整枝技巧：及时剪掉发黄的老叶，保持株型优美。

越冬防护：当气温 0℃ 以下时，易遭受冻害，盆栽应移入室内。

常见病虫害：病害有炭疽病、根腐病、萎蔫病、斑枯病；虫害有温室白粉虱、朱砂叶螨、白盾蚧。

天南星科雪铁芋属

金钱树
（泽米苏铁）

别名： 雪铁芋，龙凤木、泽米芋、美铁芋

花语： 招财进宝、荣华富贵

易活指数： ★★★★

✿ 栽培心经

土壤： 要求土壤疏松肥沃、排水良好、富含有机质、呈酸性至微酸性。

温度： 性喜暖热、略干燥、半阴及年均温度变化小的环境，生长适温为 20~32℃。

光照： 喜光又有较强的耐阴性，忌强光直射。

✿ 护花常识

水肥管理： 喜肥，除种植前施用基肥外，还可在生长季节增施磷、钾速效肥。

繁育技术： 扦插、分株、叶插繁殖。

换盆技巧： 要将植株从花盆当中取出，去除旧土，整理根系。可在花盆底部垫上一些瓦片，再放上土壤，土壤可使用泥炭土。

整枝技巧： 萌芽力强，剪去粗大的羽状复叶后，其块茎顶端会很快抽生出新叶。

越冬防护： 冬季时盆土不能太潮湿，当温度在 15℃ 以下时，需停止一切形式的施肥。

常见病虫害： 病害有褐斑病和白绢病；虫害为介壳虫。

蔷薇科草莓属

草莓

别名： 洋莓、红莓

花语： 有勇气的、永远的爱

易活指数： ★★

花期： 1~6 月

❀ 栽培心经

土壤： 喜疏松、肥沃、透气性良好的壤土或沙质壤土。

温度： 生长温度范围为10~30℃，适温为15~25℃，较耐寒，但不耐热。

光照： 草莓是喜光植物，但又较耐阴，忌强光直射。

❀ 护花常识

水肥管理： 喜光、喜肥、喜水、怕涝。土壤应保持一定湿度，不可太干也不可太湿，每次浇水要浇透。花芽分化期（夏秋季）适当控肥，待花苞形成后可适当补充磷钾肥；花后补充复合肥以增加开花带来的营养损耗。

繁育技术： 匍匐蔓分株繁殖，根茎分株、播种繁殖。

换盆技巧： 初春及秋末适宜换盆；花芽分化期内不宜换盆，夏季高温和冬季严寒等极端气候条件下的植物休眠期内不宜换盆，以免伤害根系，不利于愈合。

整枝技巧： 当植株长到与所搭的支架高度一致时，可以将主枝上面部分剪掉，促使其侧芽生长。

越冬防护： 草莓是多年生草本，冬季低温期间植物地上部分会萎蔫，故只需在植株上覆盖一层稻草或塑料膜，待开春后揭开即可。

常见病虫害： 病害有灰霉病、草腐病、白粉病；虫害有蚜虫等。

西番莲科西番莲属

西番莲

别名： 鸡蛋果、百香果、巴西果

花语： 宗教热情、神圣的爱

易活指数： ★★★☆

花期： 4~7 月

✿ 栽培心经

土壤： 西番莲为不耐湿而抗旱性较强的果树，其对土质选择不严，但以土层深厚、土质松软、排水良好的土壤最为适宜。

温度： 生长适温为 20~30℃，在 –2℃时植株会严重受害甚至死亡。

光照： 性喜光，应置于阳光充足的阳台、窗台处，每天需有 3~4 小时的直射阳光。

✿ 护花常识

水肥管理： 施肥以氮、磷、钾比例为 2：1：4 为宜，切忌过施、偏施氮肥；生长旺季应每半个月左右追肥 1 次；开花后 15 天内是果实迅速膨大期，应加强肥水管理，特别是增加钾肥的施用，以促果实迅速膨大。百香果较耐旱，但如遇干旱，仍需灌溉，雨季时则需要注意排水防涝。

繁育技术： 实生、压条、扦插及嫁接繁殖。

换盆技巧： 每年结果后换盆 1 次，每次花盆的口径增加 3~4 厘米，以满足根部生长的需要。在活跃的生长期来临之前的 2 月底，应将主干茎以外的枝杈剪掉 1／3，这样

可以保留强壮的新枝，使其多开花多结果。

整枝技巧： 百香果定植后，在幼苗期应插立支柱牵引，待主蔓1米高时剪除顶芽，让其长出侧蔓，每侧留2个侧蔓，分向两侧生长；当侧蔓长至2米时，将侧蔓顶端剪除，以促进次生侧蔓生长。若是水平棚架栽培，应等主蔓到达棚架上时，留侧蔓向四方平均生长。百香果忌重剪，若过度修剪，易使主蔓逐渐枯萎，严重时整株死亡。一般每批果采收后，每个侧蔓留3~4节进行短截，促其重新长出侧蔓。

越冬防护： 将百香果的盆、主干和1/3主蔓用塑料布包好，冬日里少浇水，遵循"不干不浇"的原则，则可以顺利越冬了。但寒带地区若无温室或者大棚则不建议种植。

常见病虫害： 病害有苗期猝倒病、花叶病、疫病、茎基腐病；虫害有蚜虫、红蜘蛛、果蝇、介壳虫等。

铁线蕨科铁线蕨属

铁线蕨

别名： 铁丝草、少女的发丝、铁线草

花语： 雅致、少女的娇柔

易活指数： ★★★★★

❀ 栽培心经

土壤： 喜疏松透水、肥沃的石灰质沙壤土。家庭种植可用腐叶土、园土、河沙按1：1：1的比例配制培养土，宜加适量石灰和碎蛋壳。

温度： 生长适温为13~22℃，越冬温度不低于5℃。

光照： 喜明亮的散射光，忌阳光直射。

❀ 护花常识

水肥管理： 喜湿，生长旺季要充分浇水，常保持盆土湿润，并经常向叶面喷水保持较高的空气湿度；

每月施 2~3 次稀薄液肥，如常施钙质肥料效果更佳。冬季减少浇水，

停止施肥。

繁育技术： 分株繁殖。

换盆技巧： 每隔 1~2 年换盆 1 次，将全株从旧盆中脱出，清除旧培养土、干枯根茎，换置新培养土。

整枝技巧： 生长期及时剪除枯枝、黄叶。

越冬防护： 室外温度低于 15℃ 时，移至室内向光通风处。

常见病虫害： 病害有枯叶病；虫害有介壳虫。

罂粟科罂粟属

虞美人

别名： 铁丝草、少女的发丝、铁线草
花语： 白色虞美人：代表安慰、慰问；
粉红色虞美人：代表极大的奢侈、顺从
易活指数： ★★★
花果期： 3~8 月

❀ 栽培心经

土壤： 喜排水良好、肥沃的沙壤土。家庭种植可将腐叶土、园土、河沙按 1：1：1 的比例配制培养土。

温度： 耐寒，怕暑热；生长发育适温 5~25°C，昼夜温差大有利于生长开花。

光照： 喜阳光充足的环境。

❀ 护花常识

水肥管理： 耐旱，但不耐积水，生长期浇水不宜多，以保持土壤湿润即可。施肥不能过多，否则植株徒长易倒伏，种植前可施足基肥，在孕蕾开花前施 1~2 次稀薄液肥即可，花期忌施肥。

繁育技术：播种繁殖。

越冬防护：较耐寒，但冬季严寒地区仍需做好防寒工作，要及时移至室内向光通风处。

常见病虫害：病害有腐烂病；虫害有金龟子幼虫、介壳虫。

（三）多肉种植指南

多肉植物种植基本要求

提到多肉植物，您脑海里的第一反应就是它们有着肥肥厚厚的叶片、茎或者根的可爱萌物，让你忍不住想要去碰触、抚摸。形成如此特殊的形态归因于它们大多分布在炎热的沙漠、降雨稀少的高山或风烈干燥的岩壁上，为了适应

环境，它们特化出了用于贮藏水分、养分的器官。与此同时，它们还养成了在夏季或者冬季休眠，停止生长的习性。所以，在多肉植物种植过程中的第一要务就是要控制好水分。原则就是：生长期"不干不浇，浇则浇透"；休眠期尽量少浇水或停止浇水。

多肉植物需要施

形形色色的多肉植物

肥吗？很多人会有这样的疑问。多肉植物在生长过程中需肥量不多，通常以栽培基质中的基肥为主。购买回来的多肉在上盆或换盆的过程中，在基质中添加 10% ~ 15% 的富含有机物的基质（如泥炭土、椰糠、腐熟的生物粪便等）即可。两个需要特别注意的施肥时期为：一个为南方高热夏季，为提高多肉度夏的能力，可适当施用磷钾肥以提高抗性；另一个为开花前后，可适当补充磷钾肥，以补充开花对植株养分的大量消耗。

多数多肉植物喜爱阳光的照耀、风儿的吹拂，那些出状态的（主要表现为颜色由绿色变为艳丽讨喜的红色、粉色、黄色、橙色等）健康的多肉植物就是靠接受自然界的光照、感受自然界的温度差异、享受环境通风透气而培养出来的，所以为了长久地与健康、美丽的多肉植物为伴，一定要满足它们对于光照和通风的要求。

🌹 入门级多肉植物推荐

景天科石莲属

玉蝶

别名： 石莲花、宝石花、莲花掌
花语： 无条件的爱
易活指数： ★ ★ ★ ☆
花果期： 6~8 月
习性： 耐干旱，不耐寒，忌阴湿
适宜摆放地： 几案、阳台

❀ 栽培心经

土壤： 要求疏松肥沃、排水透气良好的土壤。可用腐叶土、园土、粗沙按 1 : 1 : 1 的比例混合作为基质。

温度： 要求夜间 10~15℃，日间 25~32℃，短期能耐 3~5℃的低温。

光照：需全日照，夏日需避免强光直射。

水肥管理： 生长期浇水不宜过勤，每 10 天左右浇水 1 次即可；盆土偏干可以控制植株长势，保持株型。每 20~30 天施 1 次低氮高磷钾的复合肥或腐熟的稀薄液肥。肥水宜稀不宜浓，若浓度过高则植株易徒长，甚至烧苗，同时应注意肥水不要溅到叶片。

换盆技巧： 每 1~2 年换盆 1 次，于春、秋季进行。

繁育技术： 分株、砍头繁殖。

越冬防护： 温度不得低于 10℃。

常见病虫害： 易染病菌。

若光照充足，叶片会更加紧密，且叶表被粉会加厚并略发蓝色。

景天科景天属

玉缀

别名： 玉帘、玉串、玉珠帘

易活指数： ★★★

花果期： 2~3 月

习性： 耐旱

适宜摆放地： 阳台

土壤： 喜排水良好的土壤，可用泥炭土和园土按 1 : 1 的比例混合作基质。

温度： 喜昼夜温差大，生长适温为 10~32℃；低于 4℃ 或高于 33℃ 时，休眠，停止生长；气温低于 0℃ 时，会冻伤或冻死。夏季正午宜遮阴，避开高温。

光照： 除夏季正午需遮阴外，半日照或全日照均适宜生长。

水肥管理： 每 10 天左右浇水 1

次。玉缀不宜施氮肥，每个月结合浇水施薄液态钾肥和磷肥1次即可。

整枝技巧：其枝条匍匐下垂，摘除顶端可促进侧枝生长。

换盆技巧：每1~2年换盆1次，于春季进行；或可根据实际生长情况适时换盆。

繁育技术：叶插、枝插、分株繁殖。

越冬防护：冬季温度低于5℃时，需移到室内有阳光处避寒。

常见病虫害：不易感染病虫害。

小贴士

不宜施以氮肥，否则会使茎部、叶片吸收太多水分而变得脆弱。

菊科千里光属

佛珠

别名：绿之铃
花语：纯洁、淡雅、平静
易活指数：★★★★
花果期：11月前后
习性：喜全日照，喜凉爽、干燥气候，忌闷热潮湿
适宜摆放地：阳台作垂吊植物

☘ 栽培心经

土壤：喜微湿土壤，忌积水。可用煤渣、泥炭土和珍珠岩按6：3：1的比例混合作基质。

温度：生长适温为20~28℃。冬季需保持0℃以上，温度超过35℃时，植株生长缓慢。

光照：喜光照充足的环境，但夏季正午应适当遮阴。

❀ 护花常识

水肥管理：每4~6天浇水1次。可叶面喷洒0.1%~0.3%的氮肥和磷酸二氢钾。

整枝技巧：其自然悬垂，接触土壤的茎节会生根，减掉顶芽可促进侧芽生长。

换盆技巧：每1～2年换盆1次，并于春季进行。

繁育技术：枝插繁殖。

越冬防护：冬季温度低于5℃时需移到室内有阳光处。

常见病虫害：虫害有蚜虫、螨虫。

佛珠和情人泪的区别：佛珠的叶子基本成圆球状；情人泪的叶子则成圆锥状。

景天科长生草属

观音莲

别名：长生草、观音座莲、佛座莲
花语：永结同心、幸福
易活指数：★★★☆
习性：喜凉爽、通风良好、光照充足
适宜摆放地：桌案、窗台、阳台、庭院

❀ 栽培心经

土壤：喜疏松肥沃、排水良好的土壤，可取腐叶土或泥炭土1份、粗沙或蛭石1份混合，再掺入少许骨粉配成适生基质。

温度：生长适温为20~30℃，越冬温度为15℃，最低温度不得低于5℃。不耐热，夏季进入休眠。

光照：喜充足的阳光。

❀ 护花常识

水肥管理：浇水遵照"不干不浇，浇则浇透"原则，约每20天浇水1次。每20天施1次腐熟的稀薄液肥，不要将肥水溅到叶片上，一般在早上或傍晚进行。夏、冬两季应停止施肥。

整枝技巧：为保证株型饱满圆整及受光均匀，侧芽长出后可进行整枝。

换盆技巧：每1~2年换盆1次，于春季进行。

繁育技术：侧枝扦插繁殖或分株繁殖。

越冬防护：冬季气温低于5℃时需移到室内有阳光处。

常见病虫害：虫害有介壳虫。

景天科银波锦属

熊童子

别名：绿熊、熊掌
花语：玲珑、优雅
易活指数：★★★☆
花果期：夏、秋季
习性：喜干燥温暖、通风良好
适宜摆放地：阳台

❀ 栽培心经

土壤：要求土壤透气、疏松，可取泥炭土、浮石、煤渣各1份混合配制成适生基质。

温度：生长适温5~35℃。不耐寒；温度高于35℃时，进入休眠期。

光照：要求全日照。阳光充足时，叶片肥厚饱满；环境若过于阴暗，则茎、叶纤细柔弱，绒毛缺少光泽。

❀ 护花常识

水肥管理：耐干旱，需水量不多，每个月仅2次少量浇水即可。冬季需严格控制浇水，保持盆土干燥。每月施1次腐熟的稀薄液肥或复合肥。

整枝技巧：阳光充足、少氮肥有利于株型紧凑饱满。

换盆技巧：每1~2年换盆1次，并于春季进行。

繁育技术：扦插繁殖。

越冬防护：气温不得低于5℃，冬季需搬至室内有阳光处养护。

常见病虫害：病害有萎蔫病和叶斑病；虫害有介壳虫和粉虱。

小贴士

叶片易被碰掉，应尽量减少移动次数。

黑法师

别名： 紫叶莲花掌
花语： 诅咒
易活指数： ★ ☆
花果期： 春季
习性： 喜温暖干燥、阳光充足
适宜摆放地： 门厅、桌案

❀ 栽培心经

土壤： 要求疏松肥沃、排水良好的土壤，可将粗沙、腐叶土、园土按比例 2 : 1 : 1 配制成适生基质，若加入适量的草木灰或骨粉作基肥效果更佳。

温度： 最低温度不得低于 11℃，也能耐 4~6℃ 的低温。

光照： 生长期应有充足的阳光，半阴环境中叶片的黑紫色也会变淡，影响观赏。

❀ 护花常识

水肥管理： 耐干旱，需水量不多。盆土稍微干燥，可使植株生长速度放慢，观赏效果更佳。每个月施稀释的饼肥水或多肉专用肥。

整枝技巧： 若顶端优势明显，可砍头或去除顶端生长中心以促进萌发多头。

换盆技巧： 每 1~2 年换盆 1 次，换盆时尽量把旧土去除，并保留根系完整。

繁育技术： 扦插、砍头繁殖。

越冬防护： 气温不得低于 4℃。冬季温度过低时，需节制浇水，使植株休眠。

常见病虫害： 病害有叶斑病；虫害有黑象甲。

景天科景天属

虹之玉

别名：耳坠草、圣诞快乐

花语：红颜知己、心心相通

易活指数：★ ☆

花果期：冬季

习性：适应性强，喜温暖、喜光照

适宜摆放地：阳台

❀ 栽培心经

土壤：可将园土和粗沙混合少量的腐叶土配制成适生基质。

温度：喜温暖及昼夜温差明显的环境。生长适温 0~28℃。冬天气温保持 5℃以上。

光照：喜日照，但炎夏需遮阴。

❀ 护花常识

水肥管理：生长缓慢，耐干旱，不宜大水大肥，宜见干见湿，每个月浇水 2 次施 1 次有机液肥，而冬季室温较低时，更要减少浇水量和次数，一般 1 个月施 1 次有机液肥。

整枝技巧：通常剪枝杈，留主干。若无徒长，则自然生长即可。

换盆技巧：每 1~2 年换盆 1 次，并于春季进行；或可根据实际生长情况进行换盆。

繁育技术：砍头、叶插繁殖。

越冬防护：气温不得低于 5℃，冬季可搬至室内见光处。

常见病虫害：叶斑病、茎腐病。

小贴士

夏季遮阴时间不宜过长，否则茎叶柔软易倒伏。

百合科十二卷属

寿

别名：透明宝草

易活指数：★ ☆

花果期：3~5 月

习性：喜干燥凉爽、阳光充足，耐干旱

适宜摆放地：室内

❀ 栽培心经

土壤：喜疏松、排水良好的沙壤土。北方地区可少量添加泥炭土以保持水分。

温度：生长适温为 15~25℃，低于 10℃会停止生长，夏天高温时休眠。

光照：喜全日照，但夏季应适当遮阴。

❀ 护花常识

水肥管理：叶片厚实，耐干旱，浇水应遵循"不干不浇，浇则浇透"的原则。需肥量不大，每个月施 2 次 2000 倍液的花宝 2 号即可。

换盆技巧：每 1~2 年结合分株换盆 1 次，并于春季进行。

繁育技术：分株、叶插繁殖。

越冬防护：冬季要放于室内向光处。温度在 12℃以上，可继续生长，5℃以下要防霜害。

常见病虫害：病害有根腐病、炭疽病；虫害有介壳虫。

寿，是百合科十二卷属软叶品种中的一大类，具有透明的"窗"，并且"窗"上有不同纹路和小齿状突起，变化十分丰富。

百合科十二卷属

玉露

别名：水晶掌、绿钻石、草水晶

花语：外刚内强、顽强的意志

易活指数：★☆

花果期：夏季

习性：耐干旱，不耐寒，忌高温潮湿和烈日暴晒

适宜摆放地：有散射光照射的室外

❀ 栽培心经

土壤：喜疏松、排水良好的沙壤土。可将腐叶土、粗沙按比例2：3混合，再加入少量骨粉配制成适生基质。

温度：生长适温为15~25℃。夏季高温时呈休眠或半休眠状态，长期于5℃以下的环境中会冻伤。

光照：对光敏感，若光照过强，则叶片生长不良，甚至会灼伤叶片；若环境过于荫蔽，则株型松散，不紧凑，"窗"的透明度差。半阴处生长的玉露，叶片饱满肥厚，透明度高。

❀ 护花常识

水肥管理：生长期遵循"不干不浇，浇则浇透"的原则，避免积水。每月施1次低氮高磷钾的复合肥。

换盆技巧：每年春季或秋季结合分株换盆1次。换盆时去除老化中空的根系，保留粗壮的白色新根，并用新的基质栽种。另外，应勤喷水，少浇水，使植株尽快恢复生长。

繁育技术：叶插、分株繁殖。

越冬防护：气温不得低于 5℃，冬季需搬至室内向阳处。

常见病虫害：病害有烂根病；虫害有根粉蚧。

番杏科生石花属

生石花

别名：石头花、屁股花

花语：沉默坚强、爱意如石、坚不可摧

易活指数：★★

花果期：夏、秋季

习性：喜温暖、阳光充足，不耐寒

适宜摆放地：阳台、窗台

栽培心经

　　土壤：喜疏松透气的中性沙壤土，可将腐叶土、培养土和粗沙混合，配制成适生土壤。

　　温度：生长适温为 15~25℃。

　　光照：夏季应适当遮阴，冬季需放光照充足处。

护花常识

　　水肥管理：生长期应保持盆土湿润，一般在晚上或清晨温度较低的时候浇水，并遵循"不干不浇，浇则浇透"的原则。生长期每 15 天施 1 次腐熟的稀薄液肥或少量低氮高磷钾的复合肥。

　　换盆技巧：每 2 年换盆 1 次。

盆底垫 1/5 左右的排水物（兰石、陶粒），并混入腐熟的有机肥。盆土可将生石花的根部遮住即可，表面再铺一层粒径（3~6 毫米）较大

的小石子。

繁育技术：播种、扦插繁殖。

越冬防护：冬季气温不得低于 12℃，须放于室内向阳处御寒越冬。

常见病虫害：病害有叶斑病、叶腐病；虫害有蚂蚁。

小贴士

脱皮期间一定要断水。

马齿苋科马齿苋属

金枝玉叶

别名：金叶丝绵木、银杏木

花语：幸福、永结同心

易活指数：★

花果期：夏季

习性：喜阳光充足、温暖干燥

适宜摆放地：阳台

❀ 栽培心经

土壤：生性强健，管理容易，可将草炭土、粗沙按比例 2：1 混合，配制成适生基质。

温度：生长适温 10~16℃。冬季温度不得低于 10℃，也可短期耐 0℃左右低温，但会大量落叶，影响长势。

光照：喜明亮的光照环境，夏季正午需适当遮阴。

❀ 护花常识

水肥管理：每 4~5 天浇水 1 次，盆土过湿易引起根部腐烂，可每天

雅乐之华

向植株喷水以增加空气湿度。每月施 2 次以氮肥为主的稀薄肥水。

整枝技巧：可通过绑扎的方法固定枝条方向，获得理想而优美的株型。

换盆技巧：每 2~3 年换盆 1 次，并于春季进行。换盆时对植株进行一次重剪，剪掉弱枝和影响株型的枝条，并剪去部分根系，剔除 1/2~1/3 的原土，换用新的培养土重新栽种。

繁育技术：扦插繁殖。

越冬防护：气温不得低于10℃,冬季需放于室内向阳处越冬。

常见病虫害：病害有叶斑病、锈病；虫害有介壳虫。

小贴士

金枝玉叶、雅乐之舞、雅乐之华、经药剂处理的金枝玉叶这四者的区别：

1. 正常情况下金枝玉叶的叶片为绿色。

2. 雅乐之舞为金枝玉叶的外锦白覆轮品种，新老叶片周围白，叶缘能变红，叶色较金枝玉叶浅。

3. 雅乐之华为金枝玉叶的内锦白中斑品种，新叶往往全锦，呈白色甚至粉色。老叶的锦会褪去大部分，但是叶中间的白锦始终还是依稀可见。

4. 经打药处理的金枝玉叶，顶部的叶片全白，但过一小段时间后，白色叶片会逐渐变绿，新生叶片也是全绿的。

雅乐之舞

景天科石莲花属

鲁氏石莲

别名： 鲁氏

易活指数： ★

花果期： 10月份左右

习性： 喜充足光照、温暖干燥，耐干旱，忌积水

适宜摆放地： 阳台

✿ 栽培心经

土壤： 要求土壤透气性强，可将泥炭土混合煤渣、河沙混合，配制成适生基质。

温度： 生长适温 15~30℃，冬季温度最好不低于 10℃。

光照： 喜全日照，夏季需适当遮阴。

✿ 护花常识

水肥管理： 保持盆土干燥，每周浇水 1~2 次即可。冬季可根据环境温度，适当增加水量。可在生长期施用少量缓效肥 2~3 次，施肥时不要将肥液洒到叶面，以免烧叶，影响美观。

整枝技巧： 可通过砍头的方法达到爆盆的效果。

换盆技巧： 每 2~3 年换盆 1 次，并于春季进行。换盆时剪去部分根系，剔除 1/2~1/3 的原土，换用新的培养土，并施加少量的腐熟有机肥或缓释肥重新栽种。

繁育技术： 叶插、砍头繁殖。

越冬防护： 气温不得低于 0℃，冬季需移到阳光充足、温暖的地方越冬。

常见病虫害： 病害有黑腐病。

小贴士

特玉莲为著名的鲁氏变种，叶片蓝绿色呈匙形，两侧边缘向外弯曲，导致中间部分拱突。

景天科莲花掌属

山地玫瑰

别名：高山玫瑰、山玫瑰

花语：我爱您的心像这玫瑰一样永不凋谢

易活指数：★ ☆

花果期：5~7 月

习性：喜凉爽、干燥、阳光充足

适宜摆放地：阳台

❀ 栽培心经

土壤：取砻糠壳和泥炭土约占 20%，取煤渣、陶粒、珍珠岩、小石子等共约占 80%，混合配制成适生土壤。

温度：生长适温为 15~25℃，昼夜温差在 10℃左右最佳。可耐 0℃的低温，但停止生长。夏季休眠，温度高于 35℃时应采取降温措施。

光照：喜明亮的光照环境。

❀ 护花常识

水肥管理：生长期应始终保持盆土微湿状态，积水或干燥都不利于生长。要避免叶丛的中心部位积水，否则容易烂心。在土壤中放些颗粒缓释肥就能满足生长需要。

换盆技巧：每 1~2 年换盆 1 次，并于春季进行。换盆时剪去部分根系，剔除 1/2~1/3 的原土，换用新的培养土施加少量的腐熟有机肥或缓释肥重新栽种。

繁育技术：砍头繁殖。

越冬防护：气温不得低于 5℃，冬季需移到阳光充足、温暖的地方越冬。

常见病虫害：病害有黑腐病，虫害有介壳虫。

小贴士

夏季 6~9 月为山地玫瑰的休眠期，其间应停止浇水以利其安全度夏。

景天科风车草属

桃之卵

别名： 桃蛋、醉美人

花语： 怜爱、思慕

易活指数： ★

花果期： 3~5 月

习性： 喜温暖、干燥、光照充
足的环境

适宜摆放地： 阳台

❀ 栽培心经

土壤： 喜疏松、排水透气性良
的土壤，可取泥炭土、珍珠岩、煤
渣按 1：1：1 的比例混合配制成
适生土壤。

温度： 生长适温为 10~20℃。
0℃以下应保持盆土干燥，但尽量保
持不低于 −3℃。

光照： 喜欢日照，但酷夏需遮阴。

❀ 护花常识

水肥管理： 遵循"干透浇透，
不干不浇水"的原则，一般生长季
每 20 天左右浇水 1 次。每月施 1 次
1000~1500 倍液的复合肥。

整枝技巧： 植株长到一定程度

时，可以去除顶芽，促进侧芽萌发，
从而得到理想的群生植株。

换盆技巧： 每 1~2 年换盆 1 次，
并于春季进行。换盆时剪去部分根
系，剔除 1/2~1/3 的原土，换用新
的培养土重新栽种。

繁育技术： 砍头、叶插繁殖。

越冬防护： 气温不得低于
10℃，并需搬于室内向阳处越冬。

常见病虫害： 病害有黑腐病；
虫害有小黑飞。

小贴士

叶插繁殖极易成功，可以长出
和"妈妈"一模一样的桃之卵。

景天科石莲花属

黑王子

别名：紫叶石莲花

花语：神秘、高冷

易活指数：★☆

花果期：夏、秋季

习性：喜凉爽、干燥、阳光充足

适宜摆放地：室外阳台

❀ 栽培心经

土壤：宜用排水、透气性良好的沙质土壤栽培，可将腐叶土、沙土和园土按比例 1 : 1 : 1 混合，配制成适生土壤。

温度：生长适温为 5~35℃。低于 5℃时停止生长或轻度冻伤。高于 35℃时植株停止生长，此时应停止浇水。

光照：喜充足日照。夏季注意通风，防止长时间暴晒。

❀ 护花常识

水肥管理：耐干旱，需水量不多，每 10 天左右浇透水 1 次即可。不宜多施氮肥，不然会造成徒长、叶色变绿，每月施 1 次以磷钾肥为主的薄肥。

换盆技巧：每 1~2 年换盆 1 次，并于春季进行。可将坏死的老根剪去，去除一半左右的旧土，换用新的培养土重新栽种。

繁育技术：叶插繁殖，砍头可促进侧芽萌发。

越冬防护：气温在 0℃以上方可顺利越冬，冬季需移至室内向阳处。

常见病虫害：病害有黑腐病；虫害有介壳虫。

小贴士

根系强大，最好使用有一定深度的花器种植。

（四）蔬菜种植指南

 蔬菜种植基本要求

★ 为什么要自己种菜

随着生活条件的不断提高，现代城市居民越来越关注食品健康，期望吃上放心、安全、有营养的有机蔬菜，尤其对于一些有宝宝或者有准妈妈的家庭而言，蔬菜的安全更为重要。自己动手种菜，既可以收获没有农药残留的蔬菜，又可以适当节约家庭开支，还可以培养孩子对大自然和植物的热情。闲了的时候，静下心来种菜，可以让人放松心情、缓解压力，色彩丰富的蔬菜还可以很好地装饰花园空间，既能饱人口福，也能饱人眼福，带给家庭无限的乐趣。

★ 常见的蔬菜种类

一般来说，蔬菜按照不同的食用部位和特性，可分为茎叶菜、芽苗菜、香辛蔬菜、瓜菜、果菜、豆类菜、花菜和菌菇类等种类。新手可以选择生长周期短的各种茎叶菜、芽苗菜，如白菜、苋菜、生菜、豆芽等试试手，待累积了一定的种植经验后，就可以尝试周期较长或者种植较为复杂的瓜菜、果菜、豆类菜以及花菜类。另外，种植的时候应注意蔬菜种类的组合搭配，以便更好地利用空间以及美化花园，并得到更多的收获，丰富餐桌。

★ 蔬菜的种植方式

通常花园中的蔬菜种养方式主要有土壤栽培和无土栽培两种。土壤栽培，顾名思义要将土壤装在器皿内种植蔬菜，同时需要不断施肥浇水。无土栽培则包括基质栽培和营养液栽培，基质栽培是以基质代替土壤，加入各种肥料以供给蔬菜生长；营养液栽培时，蔬菜根系可以直接接触营养液，营养液的配方则需要根据不同种类的植物及其生长阶段加以调整。此外，很多种植空间有限的家庭，可采取各种立体栽培方法或种植攀缘蔬菜，以提高空间的利用率，增加有效的种菜面积。

★ 不想打药怎么办

尽管努力避免，在种植的过程中可能还是会遇到各种病虫害。对于个头较大的虫子，可以用镊子抓除；瓜果类蔬菜要想防止果蝇则需要及时套防蝇袋；其他一些病虫害则可以尝试用除虫菊、鱼腥草、大蒜、薄荷、辣椒、洋葱等植物的茎叶做成汁水，再加入石灰或者洗衣粉，配置出有一定杀虫效果的液体，来进行防治。

★ 阳光通风的重要性

大多数蔬菜的生长都需要充足的阳光，所以蔬菜种植的场所要尽可能安排在花园中向阳且通风的地方，这样可以保证光照、提高产量并适当减少病虫害造成的影响。若家中种菜的地方确实光照不足，则可考虑种植一些耐阴的蔬菜，如姜、芽苗菜等；也可以考虑安装节能增光的植物 LED 灯进行适当补光。只要安排得当，您就可以通过种菜来增加绿意，美化环境，同时品尝自己的劳动成果，享受采收的喜悦。

🌹 入门级蔬菜种类推荐

锦葵科秋葵属

黄秋葵

别名：芙蓉葵、羊角豆、黄葵、毛茄

易活指数：★★★★☆

花期：6~9 月

⚙ 栽培心经

土壤：适应性较强，多种土壤均可，但以土层深厚、疏松肥沃、排水良好的壤土或沙壤土生长较好。

温度：喜温暖，耐热，怕寒。其种子发芽和生长期适温均为25~30℃，适温中生长则花量大、结实多。

光照：需全日照，忌夏季高温暴晒。

⚙ 养护常识

水肥管理：黄秋葵喜湿，要求较高的空气和土壤湿度，尤其是开花结果时不能缺水，要及时浇水，以促进嫩果迅速膨大发育，但也忌水分过多以及盆内积水。黄秋葵在

生长前期主要以施加氮肥为主，中后期则需多施加磷钾肥。挂果及每次批量采摘后应及时追肥，生长中后期也应酌情多次少量追肥，防止

植株早衰。

繁育技术：家庭中以播种、植苗种植为主。

整枝技巧：在正常条件下，黄秋葵植株生长旺盛，主侧枝粗壮，叶片肥大，往往开花结果延迟，可相应地采取扭枝法，即将叶柄扭成弯曲状下垂，以控制营养生长。生育中后期，对已采收嫩果以下的各节老叶及时摘除，这样既能改善通风透光条件，减少养分消耗，又可防止病虫蔓延。采收嫩果者适时摘心，可促进侧枝结果，提高早期产量。采收种果者及时摘心，可促使种果老熟，以利籽粒饱满，提高种子质量。

常见病虫害：病害有病毒病；虫害有美洲斑潜蝇、蚂蚁、蚜虫、地老虎等。

茄科番茄属

番茄

别名：西红柿、洋柿子
易活指数：★★★
花期：4~11 月

🌸 栽培心经

土壤：对土壤条件要求不太严格，但为获得丰产，促进根系良好发育，应选用土层深厚，排水良好、富含有机质的肥沃壤土。

温度：在 18~25℃环境中生长良好，不耐寒。

光照：需全日照。

🌸 养护常识

水肥管理：苗期盆土不宜过于湿润，以防徒长；在气温升高、植株生长加快之时，则应该保证水分的充足供给。苗期施肥以氮肥为主，每周施 1~2 次薄肥，开花结果期则以磷钾肥为主，每次采摘后可适当进行水肥补充。

繁育技术：家庭中以播种、植

苗种植为主。

换盆技巧： 自己播种育苗的种苗，当长出 2~3 片真叶，并可以从育苗盘底部看到长出来的白色根系时就可以进行第一次移植，当小苗长到有 4~5 片真叶之时进行定植；如果是买的番茄苗，也应尽量选择茎上结节密实，植株健康粗壮的苗进行植苗种植，种植好了之后需马上浇透水。

整枝技巧： 当植株长到有 7~8 片真叶的时候，可以选择约 80 厘米长的支架开始搭架，并去掉所有的侧芽，只留下主枝。当植株长到与所搭的支架高度一致时，可以将主

枝上面部分剪掉，让植株停止长高。

常见病虫害： 病害有白粉病、青枯病、灰霉病、黄萎病；虫害有蚜虫、茶黄螨、红蜘蛛、果蝇等。

葫芦科黄瓜属

黄瓜

别名： 青瓜、胡瓜
易活指数： ★★
花期： 6~8 月

❀ 栽培心经

土壤： 以中性疏松且排水较好的肥沃壤土为佳。

温度： 在 18~25℃环境中生长良好，不耐寒。

光照： 需全日照。

◎ **养护常识**

水肥管理：移植的时候需要浇透定根水。整个生长期要保持湿润，一般每1~2天浇水1次；果期晴天要每天浇1次水，以保证水分供给，防止黄瓜弯曲。另薄肥勤施，苗期使用浓度较低的稀薄肥，果期每次3~5天追肥1次，并适当施用钾肥以延长采收期。

繁育技术：家庭中以播种、植苗种植为主。

整枝技巧：在藤蔓长到30厘米左右时，应及时搭架以方便藤蔓攀缘生长；引藤蔓的时候可结合进行整枝，及早摘除主蔓1~5节的侧蔓，从第6节的侧蔓开始在每个雌花花节以上留1~2叶摘心，以保证

果实营养供给。当主蔓长到与所搭的支架高度一致时，可以将主枝上面部分剪掉，促使其侧芽生长。

常见病虫害：虫害有白粉虱、蚜虫、果蝇等。

唇形科薄荷属
薄荷

别名：蕃荷菜、南薄荷、野薄荷、水益母、接骨草、土薄荷、鱼香草、蔢荷、夜息药、人丹草
易活指数：★★★
花期：6~9月

◎ **栽培心经**

土壤：除过沙、过黏、酸碱度

过重以及排水不良的土壤外，一般土壤均能种植，但以沙质壤土、冲

积土更好。

温度：生长适温为 25~30℃，嫩芽能耐 –8℃低温。

光照：稍耐阴。

❀ 养护常识

水肥管理：薄荷喜水喜肥，在生长初期和中期需要充足的水分，天旱的时候应该多浇水，雨季应注意防积水。平时主要以氮肥为主，配合施磷钾肥，且饼肥效果较好；在苗期和后期应该少施肥，分枝时候多施肥以利于采收。

繁育技术：播种、扦插、分株繁殖。

换盆技巧：想要薄荷生长得快速而茂盛，每年春、秋季都需要给薄荷换盆。换盆时需要找一个更大一点的盆，疏去部分地上枝叶和地下根茎，用新的肥沃土壤种好，浇透定根水，再正常养护，很快薄荷又会重新长满一盆了。

整枝技巧：当主茎长到长 20 厘米左右的高度时，可以采摘嫩茎叶食用。南方地区可以四季采摘，以 4~8 月采摘最为频繁。

越冬防护：在南方地区，冬季需要将薄荷搬至温暖向阳处，这样即使地上部分枯萎，地下根茎部分也容易来年重新抽芽生长；在北方严寒地区，冬季需要把薄荷移入室内温暖向阳处养护，还可以尝试在盆表面覆盖干草或者薄膜，以保护根茎不被冻死。

常见病虫害：病害有锈病、斑枯病；虫害有地老虎、银纹夜蛾、叶螨等。

菊科莴苣属

生菜

别名：莴仔菜、鹅仔菜
易活指数：★★
花期：7~9 月

❀ 栽培心经

土壤：喜微酸性、排水较好的肥沃壤土。

温度：喜欢冷凉气候，在 15~20℃

环境中生长较好。

光照：需全日照，忌暴晒。

水肥管理：生菜在小苗时期要避免干燥缺水，早、晚需要用细嘴喷壶喷淋以保持土壤湿润；在生长旺期内，一定要保证水分的充分供给，让土壤处于湿润状态，但同时也要控制好湿度，不宜过潮，否则会引发病虫害或是造成生菜根部腐烂的现象。定植1周后可用速效氮肥提苗1次，以后结合浇水在整个生长期追肥3~4次。

繁育技术：播种、植苗繁殖。

整枝技巧：当植株真叶数量长

到10~15片之时可以开始收获，用手将植株下方外部的3~4片叶片摘下，直到最终将整个植株采收。

常见病虫害：病害有软腐病、黑腐病；虫害有蚜虫、潜叶蝇等。

苋科苋属

苋菜

别名：雁来红、红菜、汗菜、三色苋、香苋

易活指数：★★★

花期：5~8月

土壤：喜疏松肥沃的沙质土。

温度：耐热能力强，不耐寒，

在25~30℃环境中生长良好。

光照：需全日照，忌暴晒。

☘ 养护常识

水肥管理：苋菜以施基肥为主，当植株开始有 6~7 片真叶时，进行第一次追肥。平时应该以氮肥为主，每采收 1 次追肥 1 次。苋菜较为耐旱，耐湿性较差，浇水应遵循"少量少次"的原则，以防过涝导致植株死亡。

繁育技术：播种、植苗繁殖。

整枝技巧：采收 3~4 次后，要对苋菜进行整枝，仅留主茎 2~3 节，将其余主茎采收，促使侧枝萌发新芽。

常见病虫害：病害有白锈病、病毒病、褐斑病；虫害有蚜虫、红蜘蛛等。

唇形科紫苏属

紫苏

别名：桂荏、赤苏、红苏、白紫苏、苏麻、水升麻

易活指数：★ ★ ★ ☆

花果期：8~12 月

☘ 栽培心经

土壤：紫苏对土壤的适应性强，但以土层深厚、肥沃的沙质土壤较好。

温度：喜温暖气候，在 18~28℃ 环境中生长良好。

光照：需全日照。

☘ 养护常识

水肥管理：苗期需水量多，应及时浇水保持土壤湿润，夏季高温期应随时补充水分，避免过度干燥。定植整地时应加入充分的基肥。待苗株长到 15~20 厘米高时，即可进行第一次追肥，采摘期看长势及时追施尿素 7~8 次。

繁育技术：以扦插、播种、植苗繁殖为主。

整枝技巧：长出 8 片叶子时要及时摘心，以促进分枝。夏季叶片生长迅速，为采收高峰期，可以每3~4 天采收 1 对叶片，其他时间则每周采收 1 对叶片。采收时可顺便摘除茎节上的腋芽，并适度摘心以促进新叶生长。

常见病虫害： 虫害有蚱蜢、小青虫、蚜虫、叶螨、红蜘蛛等。

落葵科落葵属

落葵

别名： 木耳菜、胭脂菜、蔠葵、紫角叶、软姜子、藤菜
易活指数： ★★★★
花期： 6~9 月

❀ 栽培心经

土壤： 喜排水良好、疏松肥沃的微酸性土壤，也耐瘠薄。

温度： 不耐寒，在 25~30℃ 环境中生长良好。

光照： 需全日照，但也耐阴。

❀ 养护常识

水肥管理： 栽植前应施基肥，待发芽后 15 天开始施加追肥，每次采摘后应结合松土适量追施速效氮肥。落葵不耐旱，夏季应经常浇水以保持土壤湿润，一般每 1~2 天浇水 1 次；大雨时候则要迅速排水，避免土壤积水导致植株烂根。

繁育技术： 扦插、播种、植苗繁殖为主。

整枝技巧： 如果矮化栽培，在植株高 20~25 厘米时需摘心，留基部 2~3 叶，之后多次同样采摘腋芽以发新梢。如果蔓生栽培，在植株高 30 厘米时应立支架或让其攀附于栏杆上生长，同时随时采摘肥大嫩叶食用。

常见病虫害： 病害有紫斑病、灰霉病；虫害有蚜虫等。

菊科三七属

紫背天葵

别名： 血皮菜、红背菜、红菜、叶下红、红玉菜

易活指数： ★★★★☆

花果期： 8月至次年3月

✿ 栽培心经

土壤： 要求不严，但喜微酸性土壤，栽培时应选择排水良好、富含有机质、保水保肥力强、通气良好的壤土。

温度： 在20~25℃环境中生长良好。特别耐热，在35℃以上也能正常生长，但也可以忍受3~5℃的低温。

光照： 稍耐阴。

✿ 养护常识

水肥管理： 在其生长旺盛期应供给充足的水肥，一般采收后2~3天要及时浇水、施肥，浇水应遵循"见干见湿"的原则。若在花园露地栽培，雨季需注意排水防涝。

繁育技术： 扦插繁殖为主。

整枝技巧： 当苗高20厘米左右时，即可摘心去顶，以促进多发腋芽。首摘留基叶5~10片，以促腋芽抽生新梢。冬季可每月采摘1次，其余时间可每半个月采摘1次，多次采收可以有效控制株型，避免过早抽穗开花。

越冬防护： 南方冬天需要将其放置在温暖朝阳处；北方初霜前，在田间选择健壮的植株，截取顶芽，扦插在保护地内，留作母株来年使用，保护地内的温度应控制在5℃以上。

常见病虫害： 病虫害少，偶见白粉虱、蚜虫为害。

十字花科芸薹属

油白菜

别名：小油菜、瓢儿菜、瓢儿白、上海青、苏州青、青江菜、油菜

易活指数：★ ★ ★ ☆

花期：3~4 月

❀ 栽培心经

土壤：喜疏松肥沃、排水性好的壤土或沙质壤土，并加适量石灰。

温度：不耐热，在 18~25℃环境中生长良好。

光照：需全日照。

❀ 养护常识

水肥管理：出苗后注意保持土壤湿润，炎热夏季早、晚应各浇水 1 次，春、秋季可以每 2 天浇水 1 次，直播种植时每次间苗之后都需要浇水。整个生长期根据生长状况，使用复合肥追肥 1~2 次或者每 10 天左右追肥 1 次。

繁育技术：播种、植苗繁殖。

整枝技巧：若直播种植，当小苗长出 1~2 片真叶的时候，就需要间苗。一般真叶长到 5~6 片左右则可以陆续收获食用。

常见病虫害：病害有黑斑病、白斑病、炭疽病；虫害有蚜虫、小菜蛾、菜青虫等。

伞形科芫荽属

香菜

别名：香荽、芫荽、胡荽
易活指数：★★☆
花果期：1~4月

❀ 栽培心经

土壤：喜微酸性、排水较好的沙质壤土。

温度：不耐热，在15~20℃环境中生长良好。

光照：需全日照。

❀ 养护常识

水肥管理：苗期保持土壤湿润即可，不需要浇太多的水，但在生长旺季的时候要适量多浇水。香菜苗期生长量小，需肥不多，一般每周结合浇水施低浓度速效氮肥1次；生长旺盛期每3~5天施加1次浓度稍高的复合肥，施肥后及时泼水洗叶。

繁育技术：播种繁殖。

整枝技巧：若直播种植，当小苗长出1~2片真叶的时候，就需要间苗。一般植株长到15~20厘米的时候可以陆续收获食用。

常见病虫害：因气味特殊少见病虫害，偶尔可见蚜虫。

（五）果树种植指南

 果树种植基本要求

★ **果树合适的种植时间**

一般来说，树木的种植多在苗木的休眠期进行，因其体内贮藏养分较多，水分蒸发量很小，根系容易恢复，故栽后成活率高。部分冬季严寒、冻土深厚的地区，则在春、秋季栽植更为合适。南方地区的常绿果树，因冬季不落叶，也可考虑蒸发量而选择梅雨季节栽植。

★ **施肥的原则及规律**

栽植果树是应该注意有机肥与无机肥、长效肥与速效肥、大量元素与微量元素的配合，注意土壤追肥与叶片喷施肥料的结合。为防治肥害的发生，应薄肥勤施，做到适肥、适树、适时、适量，灵活掌握。耐肥性较大的树种，如葡萄、桃、苹果、梨等树应多施肥；耐肥性差的树种，如枣、沙棘等应少施肥；结果少而生长旺的盆树应少施肥，特别是氮肥；对结果多、生长量大或生长弱的盆树应多施肥；春季旺长和秋季养分积累时期应多施肥；夏季防止营养生长过旺可少施肥，休眠季节可不施肥。

★ **及时修剪整形**

随着果树的生长，树冠内枝条之间，主、次层次之间容易相互干扰，从而影响通风和采光，最后降低果实产量或者影响观赏。所以，在种植果树时，有必要根据地区的差异，选择适当的时机，对果树进行修剪整形，以改善树冠光照条件和树体营养状况，达到抑强、扶弱、保壮的目的。及时地修剪整形，可以有效地调节生长与结果之间的关系，改善树冠光照条件和树体营养状况，提高果树的产量以及提升其观赏性。

★ **为何疏花疏果**

果树萌芽、开花、坐果，以及果实的发育、枝叶的生长和花芽分化等果树器官的建造，都要消耗大量的有限的贮藏营养。如果花量过大、坐果过多，超过树体负担能力时，正确运用疏花疏果技术有极大帮助。及时疏花疏果，表面看似乎比较可惜，认为减少了一些花果量，但实际上更利于果树提高坐果率并增大果实，有效保证每一年的产量，并可以增强树势，达到壮树、稳产、高产的目的。

★ 盆栽果树适时翻盆

翻盆，也叫倒盆或者转盆，可以适当补充新土，有利于去除弱根、病根，满足果树的营养需求。一般翻盆在秋后落叶的休眠期和春芽萌动前进行，特殊情况也可在生长季进行。翻盆的正确方法是在先将盆树从原盆内取出，剪除网状根垫，并将根部周围及底部土去除 1/3，同时对上部枝条适度修剪，按上盆的方法重新栽植。如需转移到较大的盆中，可保持根土不散，将整坨放置新盆中央，然后从周围加营养土栽植。

入门级果树种类推荐

芸香科金橘属

金橘

别名：四季橘、金柑、金枣、金弹

易活指数：★★★

花期：6~8 月

❀ 栽培心经

土壤：喜沙质壤土。

温度：在 20~30℃环境中生长较好。

光照：喜光照，稍耐阴。

❀ 养护常识

水肥管理：薄肥勤施为主，适

时重施。在出花芽、花谢后、果实长成豌豆大小的时候都需要施肥1次，花芽分化期应多施磷肥以提高后期的坐果率。浇水则需要在秋季干旱时、花果期、植株大的时候多浇水；在雨水多的时候、果实变黄、植株较小的时候应该少浇水。

繁育技术：多用嫁接繁殖，也可以靠高空压条、扦插或者种子繁殖。

换盆技巧：每隔2~3年，在冬季观果结束后的3~4月份时换盆。换盆时应剪去老根，剪短部分粗根，适当修剪树形，并施好基肥，带2/3的旧土球换盆，换盆以后浇透水于温暖无阳光直射的地方养护2周。花芽分化期内、夏季高温等极端气候条件下不宜换盆，以免伤害根系，不利于愈合。

整枝技巧：金橘枝条发稍能力强，1年中需要多次修剪以控制树形，一般常见的有塔形、圆锥形、悬崖式等。金橘每年一般需要修剪3次，冬季观果后需重剪，将老枝条保留20厘米左右的枝干，减去上部的枝梢；4月上旬以轻剪为主，仅减去新枝的嫩梢；6月左右需要减去顶芽，使树形整齐以及扩大树冠。

越冬防护：将花盆移植朝南向阳处，或者用透明塑料袋罩住以御寒。在北方冬季温度低于0℃的地区，可将金橘置于温暖的室内越冬。

常见病虫害：虫害有潜入蛾、介壳虫、红蜘蛛、凤蝶幼虫、角肩蜂象等。

桑科榕属

无花果

别名： 圣果、天仙果、明目果、映日果

易活指数： ★★★☆

花期： 4~5 月

❀ 栽培心经

土壤： 对土壤要求不严，但以富含腐殖质的沙质肥沃土壤为佳。

温度： 在 –8~20℃ 环境中生长较好，但是当气温高达 35℃ 也不受害。

光照： 喜光照。

❀ 养护常识

水肥管理： 盆栽无花果时，生育期内一般每半月施肥 1 次，雨季适合干肥，9 月以后准备越冬时停止施肥。无花果耐旱、怕水涝，盆内积水容易落叶，甚至涝死，所以浇水以"见干见湿"为原则，雨季要注意排水防涝。

繁育技术： 扦插繁殖为主，也可以播种、压条和分株繁殖。

换盆技巧： 宜于每年早春萌芽前换盆 1 次，换盆时要整理根系并适当剪短，花芽分化期内不宜换盆；夏季高温和冬季严寒等极端气候条件下的植物休眠期内不宜换盆，以免伤害根系，不利于愈合。

整枝技巧： 无花果发枝力较弱，所以不需疏剪，只需适当对各级主枝的延长枝进行截短以促进侧芽萌发，利于树冠丰满，并及时去除枯枝、病枝。盆栽无花果若个别枝条生长过旺时应及时摘心，以加速枝条充

实的过程，使之早成花、早结果。

越冬防护： 无花果不耐寒，温度达 −8℃时新梢顶端开始受冻，盆栽植株可于霜降后入室，入室前浇1次透水，一般整个冬季再浇1~2次水即可。冬季室温（或阳台温度）维持在3~5℃即能安全越冬。

常见病虫害： 病害有灰霉病、叶斑病；虫害有桑天牛、粉虱、介壳虫等。

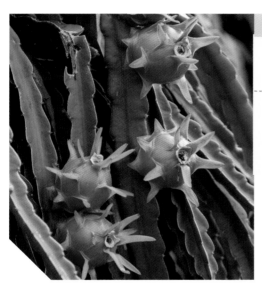

仙人掌科量天尺属

火龙果

别名： 红龙果、仙蜜果、情人果
易活指数： ★★
花期： 6~11月

❀ 栽培心经

土壤： 对土壤要求不严，但以排水透气性较好的肥沃沙质土壤为佳。

温度： 于24~30℃环境中生长较好，冬季最好保持在5℃以上。

光照： 喜光照。

❀ 养护常识

水肥管理： 苗期应薄肥勤施，每7~10天施1次以氮素为主的复合肥，以促其茎肉肥厚、生长健壮；之后每半个月施1次氮磷钾复合肥，果期则需要补充钾肥、镁肥，冬天停止施肥。火龙果耐旱忌涝，夏季应每3~4天浇水1次，冬天则等盆土完全干时再浇水，平时可等盆土约1/3深处干时再浇水，雨后要注意排水防涝。

繁育技术： 扦插、嫁接繁殖为主。

换盆技巧：火龙果呈蔓性生长，茎节多而长，易出现头重脚轻的现象，所以上盆定植时尽量选用盆径40厘米以上的大盆，同时及时设立牢固的支柱并浇定根水，之后随时进行绑扎。因为火龙果是浅根系植物，定植之后若无特别需要则无需再换盆。

整枝技巧：随时将茎枝上新发的侧芽摘除，只保留顶芽，并促使长高。当株高长到1.2米左右时，在顶端剪去约3厘米长的茎尖，促使在顶端发出侧枝。之后需要在顶端绑上横梁，将侧枝引绑在横梁上，使其平伸或自然下垂。为保果实质量，每个侧枝保留1~2朵花让其结果即可。每年采果后剪除结果多的弱枝，让留下的粗壮基枝重新长出新枝，以保证来年的挂果率。

越冬防护：当气温低于15℃时，要做好防寒工作，将其移入温室内，在阳台越冬要做好阳台的封闭工作，防止缝隙处漏风。冬季低温阶段，气温越低，浇水要越少方才有利越冬。

常见病虫害：病害较少，主要为茎腐病；幼苗期易受蜗牛、蛞蝓、蚂蚁、毛虫等侵害，其他时期主要为蚜虫、线虫和螨类等虫害。

芸香科柑橘属

柠檬

别名：柠果、洋柠檬、益母果
易活指数：★★★★
花期：4~5月

🌸 栽培心经

土壤：不择土壤，但以腐殖质土壤为最佳。

温度：在23~29℃环境中生长较好，最低不得低于–2℃。

光照：喜光照，稍耐阴。

◎ 养护常识

水肥管理：在 2~3 月的萌芽期施肥以氮肥为主，果期主要以氮、钾肥为主，结果较多的柠檬需要在 7~10 月再次追施氮磷钾复合肥。总的来说，柠檬施肥以勤施、薄施为主。在开花期及花芽分化期应尽量少浇水，夏季炎热时应多浇水，一般春、秋季每 2~3 天浇水 1 次，夏季每天浇水 1~2 次。

繁育技术：以嫁接、扦插、高压、低压繁殖为主。

换盆技巧：根据其生长情况，上盆 3~5 年后如果出现枝叶弱化、花量果量都减少的情况时，则需要进行换盆。换盆需要在越冬之后，植株搬到室外 1 周以后进行，并选用大一号的盆进行换盆。

整枝技巧：柠檬修剪一般分为冬剪与夏剪，冬剪应该春季萌芽前进行，本着"删密留疏，去弱留强"的原则，剪去枯枝、弱枝和过密枝条；夏剪在没有挂果的树上短截过长的枝梢，在挂果树上抹去夏梢的同时短截树冠外围中上部的衰老枝条。花蕾期应摘除全部新叶芽，并适当疏花，以

提高坐果率，促使果实个体生长均匀、整齐。

越冬防护：霜降前将柠檬移入室内，直到清明节过后再搬出来。

常见病虫害：病害有煤烟病；虫害有介壳虫、红蜘蛛、蚜虫及凤蝶幼虫等。

杜鹃花科越橘属

蓝莓

别名: 越橘、蓝梅、笃斯、笃柿、都柿、甸果、老鸹果

易活指数: ★★☆

花期: 北方 4~5 月,南方 3~4 月

❀ 栽培心经

土壤: 喜富含有机质,pH 值在 4~5 的酸性土壤。

温度: 有寒带、温带、热带品种,不同品种适宜温度不同。

光照: 喜光照,稍耐阴。

❀ 养护常识

水肥管理: 蓝莓根系分布较浅,对水分缺乏比较敏感,所以应该尽量保证盆土湿润,但又不积水。在营养生长阶段要保证水分供给;果期则需要适当减少水分供应以控制营养生长,以保证果实的养分供给;秋、冬季进入休眠期也应该减少浇水。另外,蓝莓喜酸,平时浇水可以用少量白醋兑水浇灌。蓝莓不喜肥,施肥要薄肥勤施,防止肥害。蓝莓喜欢氨态氮氮肥,不喜欢硝态氮氮肥(如硝酸钾、硝酸铵等),不喜钙肥(如骨粉、鸡蛋壳等)。

繁育技术: 扦插、根插、分株、播种、嫁接繁殖。

换盆技巧: 蓝莓需要在 2~4 月新芽萌发以前换盆。换盆时应小心拿出土球,可轻轻将其弄碎或者用水冲洗使根系与旧土剥离,将老根、坏根除去,减去老弱枝条,重新加入酸性营养土种入新盆。

整枝技巧: 不同品种的修剪方式有所不同,高丛蓝莓的幼树可以把中心枝疏去几枝，开张型树冠的宜剪去一部分下垂枝，同时疏去弱枝老枝。兔眼蓝莓宜轻剪和夏季修剪，幼树主要是去除下部枝条，修剪树冠中部部分枝条，以免枝条过分拥挤；老树主要梳枝，以防止树冠过高过密。

越冬防护：不同地区应该选择不同的耐热、耐寒品种种植。冬季需要保证蓝莓生理代谢需要的水分，不要浇太多的水，在12月份可以施点有机肥，放在背风向阳的地方就可以越冬。因蓝莓需经受7℃以下的低温休眠才可以正常开花结果，所以冬季尽量不要放入室内。

常见病虫害：病害有白粉病、霜霉病、僵果病、茎干腐烂病；虫害有蚜虫、螨类、果蝇、毒蛾、刺蛾、大蚕蛾、天牛、蟓象、枝梢食心虫等。

桃金娘科拟香桃木属

嘉宝果

别名：树葡萄、拟香桃木

易活指数：★★★

花期：3~10月

❖ 栽培心经

土壤：对土壤适应性强，但以土层深厚肥沃、排水良好的偏酸性的沙质土壤种植为佳。

温度：喜暖热，耐高温，在22~35℃环境中生长良好，

光照：喜光照，稍耐阴。

❖ 养护常识

水肥管理：嘉宝果属喜湿物种，故要保持土壤湿润，但忌积水。幼苗成活前，应根据天气和盆土干湿

情况进行浇水和松土，以保持土壤湿度、土层疏松；连续阴雨天气，需把花盆移至遮雨处，防止盆土过于潮湿、板结；炎热干旱天气，要适时浇水，以保持盆土湿润。春季至秋季为生长旺盛期，应每 1~2 个月施肥 1 次，大树多施磷钾肥能促进开花结果，提倡有机肥、微生物肥与化肥配合使用。

繁育技术：播种、嫁接或扦插繁殖。

换盆技巧：初春及秋末适宜换盆；花芽分化期内不宜换盆；夏季高温和冬季严寒等极端气候条件下的植物休眠期内不宜换盆，以免伤害根系，不利于愈合。

整枝技巧：嘉宝果生长较为缓慢且开花结果都在老枝干上，所以仅需适时修剪顶端生长旺盛的枝条，以控制株高及盆栽树型即可，平时无须强剪。通常栽培上建议修剪低处及内部细短枝条，以塑造通风且枝干优美的树型，秋、冬季可适当修剪密生或徒长枝条。

越冬防护：一般品种能耐 -3℃低温，有些品种能耐 -4℃低温。在冬季霜冻前浇 1 次透水。遇低温阴雨天气时，用薄膜将整个容器包盖防寒；当天晴温度回升时，要撤除薄膜，减少昼夜温差对果树的伤害。当夜晚气温低于 0℃ 时，宜将栽植盆移至室内过夜。

常见病虫害：容易有鸟类偷食，偶见锈病、毒蛾、蚜虫、果实蝇、介壳虫及甲虫类等病虫害。

第四章

花园造景
一点通

（一）花园造景的要点

🌹 做好预算

很多园丁经常开玩笑说："园艺是一个坑，绝对是一件烧钱的事情。"虽然是句玩笑话，但是在花园经营时，资金的投入是不可避免的。尤其是您想建造一个有一定规模、内容丰富、景色优美的花园时，投资预算就成了不得不考虑的现实问题。

如果您想打造一座美丽的花园，您首先需要考虑花园是自己建造还是交给专业人士。如果是自己建造，您需要列出一个大概的清单，计算花园需要的材料数量，再货比三家地选择购买，最后自己慢慢施工或者请工人帮助。如果要请专业人士建造，您可能需要找自己喜欢的花园设计公司，告诉他们您的花园投资预算，或者大概说明自己需要建成的景观效果，以此咨询大概需要投入的预算，再和专业人士做更具体的沟通商议。

规模不同的花园需要的预算差异很大，即使是同一大小

的花园，因为花园主人对花园内容品质以及细节的要求不同，需要投入的资金也会有很大的差异。因此，您需要结合自己的经济情况，希望所打造的花园的内容以及精致程度，期待花园建成的时间等因素，来综合考虑预算投资。您可以一步到位一次性地投入，后期补缺补漏；也可以分年度慢慢投入资金，有计划地逐步丰富花园内容。

🌹 观察花园环境

开始建设花园之前，需要花一段时间去观察了解花园的环境，其中最重要的就是花园的隐蔽情况、采光情况、通风情况、土壤质量以及排水情况。

如果花园处于私密性不太好的位置，您可以在设计的时候采用设立景墙、屏风、栅栏以及植物遮挡等方式进行适当的隔离，这样可以有效地保障您的家庭隐私。观察采光条件时，您需要根据日照情况，注意观察花园哪里是较

花园围栏可以有效地保护隐私

遮阴的位置，哪里又是阳光充足的区域，从而去设立不同的功能分区，种植适宜的植物。要充分了解自己花园的采光条件其实需要很长的一个过程，夏季和冬季太阳高度角不一样，花园的采光条件在一年中不同的季节里也会发生较大的变化。也许同一块区域，夏天都还很暴晒，冬季就几乎没有什么光照了，所以在花园设计的时候一定要多加以考虑。观察土壤的质量和排水情况可以较好地了解您家花园的土壤条件。如果您发现您的花园土壤黏性过大或者肥力不够，就需要积极改良土壤。这项工作将大大有利于您今后的花园植物健康生长。

🌹 思考花园风格

花园设计的风格多种多样，从平面布置形式上主要有规则式花园、自然式花园和混合式花园等三种。规则式的花园注重对植物的修剪造型，自然式的更注重植物的自然美，混合式的则两者兼具。从地区风格借鉴来说，最近

欧式风格的花园　　　　　　　　　　　　　　　日式风格的花园

几年比较流行欧式风格、美式风格、中式风格、日式风格、地中海风格、热带风格等，此外还有现代简约风格、杂货复古风格、乡村风格等。总的来说，中式风格、日式风格、现代简约风格相对简约且更加注重意境的营造；而欧式风

杂货复古风格的花园

格、地中海风格、杂货复古风格和乡村风格则内容相对丰富，更容易打造出热闹繁复、花团锦簇的效果。

在花园建设之前先考虑好风格，有利于整体风格的把控，能让您较为轻松地建造出具有风格特色的花园。在考虑花园风格时，您可以优先结合自己的居家风格，让花园和室内风格和谐一致，这是比较理想的状态。当然，您也可以根据自己个人的风格喜好，去建造有独特风格的花园。艺术审美以及搭配能力较好的园丁，也可以尝试各种风格的混合搭配，有时候也会取得意想不到的效果。

注意花园的功能分区

每个花园都承载了主人对它的期望，育苗栽培种植繁花、休息聊天喝茶、孩子活动玩耍、朋友聚会烧烤……那么您对花园的期望又是什么呢？您和家人都希望花园可以满足什么功能，又能实现哪些功能呢？

对于几平方米的小花园，也许精心养几盆爆盆草花，再细心搭配一些灵动的摆件，这方小天地便容易能美如图画，同时也不需要花费过多的精力去考虑花园的功能区域划分。但是随着花园面积的增加，可以实现的功能增多，合理规划安排就显得极其重要了。一座好的花园的分区应该是尽可能顾及到

不同家庭成员的需求，让家里的每个人都能和花园良好地互动起来，感恩花园给家庭生活带来的变化。比如您可以给喜欢种植的女主人一个小小的育苗区和园艺工具区，给爱玩的孩子们一个有意思的沙坑或者一片翠绿的草坪，给朋友们一个可以聊天休息的露台，给全家一片不大的蔬菜种植床……一个花园只有结合家人的需求，合理地规划布置，有效地衔接结合，才可以避免杂乱拥挤以及给家庭带来的不便。所以，请在建设自己家花园以前，好好思考花园的功能并合理安排吧。

🌹 不能忽视的维护需要

植物都是有生命的个体，它们需要您花时间来打理照料，以保障它们的健康生长。可是现代人工作、生活繁忙，未必人人都有充足的精力去照料花园，如果花园植物维护需要花费大量的时间，反而也会大大影响您的生活。那么，以您现在的精力，可以维护一座怎样的花园呢？

高维护度花园：如果您有充足的精力和时间，也喜欢在花园劳作，那您可以经营较大面积的花园，在花园里养护一片宽阔的草坪，并不断修剪打理；

高维护度的花园——以各类草花和花境为主的花园维护相对困难，因为各种草花生长迅猛，需要不断地施肥管理、摘除残花，几乎花季一过又要及时更换，不太适合精力有限的园主

还可以适当种植一些娇嫩的植物，冬天给怕冻的植物保护加温，夏天给怕热的植物遮阴降温。同时，您可以尝试多种植一些颜色各异的一、二年生草花植物来丰富花园颜色，也可以尝试挑战一些特别的植物。

中维护度花园：如果您热爱园艺，但是现在却又要忙于上班工作以及照料家庭，您的时间精力有限，那么您就需要适当地控制花园规模，如铺设少量的草坪，多选择气候适宜的乔、灌木以及各种多年生植物，适当地种植一些一、二年生草花点缀花园。这样明智的选择，将大大有利于您平衡您的园艺爱好与生活，在适当参与花园劳作的同时，好好享受您的花园生活。

低维护度花园：如果您几乎没有闲暇时间，在花园里选择种植乔、灌木和生命力顽强、病虫害少的多年生花卉，适当减少植物的种类和密度，可以大大地节约您的精力，让一个花园的维护变得相对简单。也许您只需要每隔一两年适当地修剪灌木一次，有空的时候稍微给乔木除掉病死枝条，冬季或者早春时候把植物衰败的部分加以修剪，周末有空时去花市买几盆现成的当季花卉丰富花园色彩，就可以轻松地照料出一个不错的花园。

低维护度的花园——以乔、灌木和多年生植物为主的花园维护相对容易，比较适合精力有限的园主

（二）花园植物搭配技巧

仅仅喜爱种花，苦练出种花技术，努力养旺了每一盆花，却未必能打造好一座花园。养好了一堆植物整齐摆放，充其量也只是打造了个"家庭植物生产苗圃"，而不是一个层次丰富且具有艺术气息的花园。一个美丽的花园，除了需要考虑植物习性尽量选择合适的植物外，更要懂得利用设计美学知识以及各种技巧，注重植物的空间层次与组团结构，考虑色彩及质地的搭配与变化，兼顾四季景观，巧妙利用花器，最终才能实现处处是景，一年四季美轮美奂。

层次丰富的花园

选择合适的植物

地区大气候环境以及花园小环境对花园植物种植有着重要的影响，所以在选择的时候需要充分了解自己花园所在的气候区、夏季的平均最高温、冬季的平均最低温、花园的通风光照条件、花园的土壤情况等因素，选择适合自己花园环境的植物。尊重大自然的规律，尽可能不要种植违反气候特征的植物，是获得一个容易维护的花园的前提，否则植物容易因生长不良而死亡，或者大大增加后期花园维

温带花园的各种月季往往是花园的主角

热带风情的花园的巨叶植物是其一大特点

护的负担。

近些年，各大园艺公司都从国外引进了很多新的园艺植物，大家在选择的时候一定要注意这些植物的物候信息，不要盲目跟风、跟热门。例如，在江浙地区，近些年大量流行的各类月季，在我国华南地区种植时会因为气候炎热，冬季无法休眠且病虫害严重，导致花量会大幅度减少，养护难度会大大加大，故不建议华南地区普通花友盲目地跟风大量种植。

较为明智的选择是：在东北地区的花园，考虑到冬季较长，气温较低，所以在植物选择的时候可以适当增加一些常绿的针叶植物来丰富冬季景观，同时选择一些较为耐寒的多年生植物，并且积极地增加过冬措施，以便花园植物可以顺利度过寒冬；在江浙一带四季分明的地区，气候相对温润，可以选择的植物种类较多，所以应该多选择一些温带的植物，例如品种丰富的月季、铁线莲等形成花园的亮点；而在我国气候较为炎热的华南地区，对多年生植物的选择上则需要以耐热植物为主，以便植物可以顺利度夏，同时可适当打造热带风情，在不太炎热的季节甚至可以尝试种植一些一、二年生的温带花卉。

🌹 重视空间层次变化

无论花园规模的大小，一个层次丰富、空间变化的花园，总是更能引人入胜。花园里主要的植物通常有乔木，灌木，多年生宿根植物，一、二年生植物，球茎类植物，水生植物和攀缘植物等类型。各种类型的植物在不同规模的花园中，作用也各不相同。

在中大型的花园中，做植物种植规划时，需注意结合功能分区，形成疏密有致的花园空间，让密集的种植区域和开敞的草坪或者硬质场地，形成良好的空间对比。对于中大型花园里的植物组团，则可以根据组团面积的大小，选择规格合适的植物，按照从高到低的顺序进行搭配。例如在华南地区，可

一棵美丽的凌霄，很好地遮挡住了建筑墙面的单调

攀缘植物和吊盆的利用，可以让空间变得更加丰富

乔木、灌木和地被相结合，可以形成丰富的植物层次

以用鸡蛋花、美人梅、风铃木、桂花、紫薇、玉兰等小乔木做植物组团的骨架，或者用以围合、分割空间，在这些小乔木下面再种植各种灌木和球茎类植物，灌木的下面或者外沿种植各种地被花卉进行点缀，形成层次丰富的植物景观。在建造中小型花园时，其中的上层植物可能更多地要选择株型较小且数量不多的小乔木或者灌木，中层和下层则利用各种地被和花卉植物来点缀打造。个别面积非常小的花园，则要避免选择株型较大的乔、灌木植物，而是要利用吊盆或者一些攀缘植物来装饰垂直空间，利用一些精致的花园摆件搭配植物来丰富细节。

善于利用植物色彩

　　色彩可以从感官上影响人，红色、橙色、粉色、黄色等暖色系可以让人觉得热情温暖，而蓝色、绿色等冷色系则容易让人觉得安静凉爽。在花园中选择不同的颜色加以搭配组合，会制造出不同的观赏氛围，带给人不一样的心理感受。

　　一般来说，单色调的搭配容易让人觉得简单纯净，比如当下流行的白色花园，就是把各种开白花的植物，高低错落地搭配到一起，形成别致的花园

绿色基调搭上白色的花卉，让人觉得纯净简约

对比色的应用容易搭配出撞色的效果

相似色的应用让人觉得和谐、舒服

白色是花园中较容易搭配的颜色

景观。不过，同一种颜色运用得过多则容易显得乏味，这时如果能在适当的位置增加一些别的颜色，则会让花园显得活泼起来。

黄色和紫色，橙色和蓝色等对比色，将它们搭配在一起的时候会产生强烈的视觉冲击。而相近的颜色，如黄色和橙色，红色和紫色，将它们搭配在一起的时候则会显得和谐柔美。如果您对颜色不太敏感，对色彩的搭配缺少信心，也可以巧妙地避开明黄色、橙色、鲜红色等强烈的色彩，用相对较淡的颜色进行搭配。另外，在一个花园里，白色是很好搭配的一种颜色，所以不妨种植一些白色的花卉尝试一下吧。

兼顾四季景色

一个花园景色最美的时候通常都在春季，因为大多数植物都在春季开花，"春花、夏茂、秋实、冬枝"这是自然界最基本的一条规律。特别是在温带地区，四季景色分明，所以您可能不用花费太多的心思，也能很容易地感受到

将植物的季相变化考虑到花园建设中能够让您的花园四季各不同

花园的四季景色变化：春季一片翠绿，夏季鲜花满园，秋季色叶飞舞，冬季白雪皑皑，大自然会贴心地为您改变四季的色彩。

但是在亚热带或者热带的一些花园，四季景色的变化可能就没有这么明显了，很有可能一年四季中，您的花园都是一片翠绿。所以此时，您可能需要花点别的心思，巧妙地在花园里种植一些错开花期的植物，让自己的花园虽然四季常绿，却又四季有花。比如多年生的春季开花的植物，您可以尝试选择紫玉兰、绣球花、风铃木、美人梅、垂丝海棠或者木香等；夏季开花的植物，您可以选择各色紫薇、石榴、鸡蛋花、夹竹桃或者蓝雪花等；秋季开花的植物，您可以选择桂花、紫云藤或者木芙蓉等；而冬季开花的植物，您可以考虑各色茶花、三角梅或者腊梅等。此外，除了在春、秋季等相对温暖的季节种植各种草花点缀花园，在漫长炎热的夏季您还可以种植夏堇、太阳花、五星花、千日红等耐热草花来装扮您的花园。

让一个花园四季不同或者四季有花，需要一个园丁巧妙地规划安排，您心动了吗？那么，赶紧列一下您的四季种植计划，然后去行动吧。

尝试一下组合盆栽

组合盆栽是指将一种或多种植物运用一定的艺术手法，种植在一个或多个容器内形成有一定艺术构图、色彩搭配、主题寓意和群体美的盆栽方式。组合盆栽需要艺术构思和创意组合，它与插花艺术作品相似，但不同的是其中植物还可以不断地生长，随着时间的推移表现出不同的变化和美丽。

做组合盆栽，可以用各类花卉组合，也可以花卉混植各类蔬菜，甚至可以搭配一些小巧的乔、灌木种类。需要注意的是，在搭配组合盆栽的时候要注意考虑植物习性的相似性、花色花期的搭配、韵律节奏的变化以及株型的高低错落，这样能制作出一个成功的组合盆栽。另外，尽可能不要将习性差异巨大的植物勉强搭配到一起，这样将不利于组合盆栽的后续维护。

如果您有些贪心，想种植更多的植物品种，或者希望您的花园植物搭配

别具特色，那就尝试挑战一下用组合盆栽，在您的花园中种植出属于您的"迷你小花园"吧。

巧妙结合花器、杂货

好花也需好盆配，所以在花园里适当地搭配一些美美的花器或者点缀一些好看的杂货摆件，都会让您的花园更加灵动有趣。各种造型的陶盆、形状各异的吊盆、朴素憨厚的石盆、复古多样的铁盆，再配上开爆的花儿们，一定会让您爱不释手。

除了各种好看花盆，您还可以尝试购买一些园艺杂货摆件，来装饰您的花园。比如您可以买一些实用的烛台或者风灯来扮靓花园的夜景，或者买一些铁艺花架给您的多肉们一个精致的家，或者您还可以买一些装饰性的花插或者动物造型摆件来陪伴您的花儿们，让它们更加美丽多彩。

（三）花园美丽小景欣赏

🌹 功能多样的家庭小花园

在华南地区，很多楼盘设计时都会采用一层架空的方案，其原因再简单不过了：这一楼潮湿幽暗，蚊虫肆虐，实在不太适合人居住。所以多数愿意选择在无架空层，但带花园的一楼居住的，要么是腿脚不便的老人，要么就是真爱花园的"花痴"了。

这个华南地区的一楼小花园，面积一共50平方米，再加上家中孩子需要活动区域，所以花园的分区很简单：客厅入户空间有一个大大的平台，平台

从开满鲜花的花园拱门进去，是一个被白色屏风挡住的小小的入口空间，继续一直往前走，再拐个弯，空间就开朗了。小小的花园，空间设计上也可以富于变化

外的一个花园被一分为二，左边是小小的草地，右边则是耐火砖铺地，左边进门的位置被一道白色的屏风分割出一块小小的入口空间。

　　小花园右侧因为需要通行，所以铺上较耐踩踏、磨损的耐火砖，左侧通行较少所以铺上全家人心心念念的草地，可供天气好的时候铺上野餐垫野餐或者给小朋友活动嬉戏，夏季的夜晚躺在草地上看夜空的星星，天热的时候放上小小的充气游泳池供小朋友戏水，空闲的时候邀请朋友在草坪上来一场烧烤，这些都是不错的体验。

　　一个好玩的公园往往由多个景点构成，一个有内容的花园也是需要由一个个的小景组成。那么，在构思花园空间的时候，究竟该布置几个小景？它们的位置又在哪里？它们该如何和植物搭配？这些都是需要早早就考虑的问题，只有在花园规划设计的时候充分考虑，花园的景色才会丰富且主次分明。在这个小花园里，枕木水栓、白色的木椅、连续的白色屏风就是花园的小景，它们也是花园中的焦点，无论什么季节，都可以从这里拍到美丽的照片。

花园的美好当然离不开那些热热闹闹的花儿们，在属于自己的花园里，辛勤地劳动，用秋天播下的种子换来春天里鲜花满园。闲了的时候在院子里读书写字，看看花开花落，听鸟鸣虫唱，这也许就是园丁们最幸福的时光。

养花种菜两不误的花园

家里有一个花园，年轻的人想在里面种花，因为花儿们漂亮，老年人想在里面种菜，因为种菜可以自己吃而且绝对干净，但是矛盾来了，究竟是种花还是种菜呢？其实，完全可以尝试做一个养花种菜两不误的花园！

图中的这个花园就是一个既可

每个菜畦的宽度在1米左右，干净又整齐，种菜的时候只需要站在两侧的透水砖上操作就可以了，根本不用进入菜地，所以也就不用担心泥土会弄脏自己

春季的时候最常种的是各种绿叶蔬菜，天热温暖，长势旺盛，很快就可以收获，在收获部分叶菜的时候则可以种下豆角等夏季蔬菜，以充分利用土地

夏季用竹子或者木条搭好的豆角架子别有趣味，如果希望更美观也可以买专业的园艺支架或者拱门。丝瓜和黄瓜等植物，擅长攀爬，也需要适当搭架

春季的时候花园里色彩绚丽，开爆的花儿们，绿油油的蔬菜们，热热闹闹地挤在一起，享受着春光

以养花又可以种菜的花园，因为面积小、光线一般，所以花园中大量光线好的地方都规划做成了菜畦用来种菜，四周剩下的位置则用来种花。花园主人说建设这样一个花园非常简单，把废旧的木头用来围合菜畦，这样既可以防止南方雨季积水而导致的蔬菜腐烂死亡，又可以避免种菜的时候土壤外溢；剩余的地方就铺上透水砖供园丁劳作时走动，一个造价不高却又非常实用的花园就建好了，剩下的时间就努力劳作和等待收获吧。

城市里的土地往往是寸土寸金，所以在种菜的时候可以在一个菜畦里面混合种植多种蔬菜，同时适当考虑轮作，这样就不用担心产出的蔬菜太少，或者品种太过单一。夏季种丝瓜和豆角等蔬菜时，还可以搭一些临时的架子，

既可以供瓜类植物攀爬又可以适当遮阴。

　　至于花园里的花儿们，则可以根据季节选择相应品种种植。可以选择单独种盆里摆放，也可以和蔬菜混种一盆做成蔬菜花卉组合盆景，既供观赏又供食用。特别在春天的时候，花园里花草繁茂，蔬菜水灵，万物生机勃勃，怎么看都是一幅美景。这样的花园既能开心地种花，也能不断地收获，有小朋友的家庭还可以让小朋友共同参与进来，观察植物的生长变化，亲自收获美味可口的蔬菜，体验劳作的乐趣。若从小就能这样用心地感受自然，该是一件多么幸福的事情！只要您用心安排，花园一定也会如您所愿。

🌹 热热闹闹的露台花园

　　一楼花园里的植物可以地栽从而长势旺盛，露台花园虽然没有这样的优势，但是好在大多阳光充足，也是草花们的天堂。网友"与蓝共舞"家的这十几平方米的小露台，没有过多的布置：一个种着一大丛散尾葵的小花坛，楼梯的一旁放置了简易的拱门，各种大大小小的花盆错落地摆在地上或者高高地挂到屋檐下种满主人喜欢的花朵。仅仅如此也

是一个美美的花园了。

经过秋天的播种，冬天的呵护，等到春天的时候，雏菊、六倍利、矮牵牛、角堇们热热闹闹地挤在一起，扮靓了整个花园。

初春恬淡的午后，在露台摆上一套小小的桌椅，沐浴着阳光，泡上一杯香浓咖啡，喝到的都是幸福的味道。偶尔邀请一两个好友，一起在露台喝茶聊天，闻着花香，谈谈理想。夜里还可以在古朴的瓦当烛台上点上烛光，看烛光摇曳，观满天星光。

越是小的花园，越是足够精致才能耐看，一个聪明的园丁怎么会忘记花心思去仔细装饰自己的花园呢？天气暖和起来了，灌木丛后面的兔子一家也出来晒太阳了，一只猫头鹰还固执地守在自己的山头，一群淡绿色的小鸟不知道在那里叽叽喳喳地聊着什么，而那只淘气的绿色的青蛙却独自坐在明黄色的角堇下放声歌唱……这些可爱的动物造型摆件，让花园变得灵动起来了。

　　每一个美丽的花球，都是细心的园丁辛勤劳动的结果。小心翼翼地播种，耐心地等待发芽，不断地浇水和施肥，仔细地移栽定植，再反复地摘心定型，细心地剪掉残花……一个光鲜亮丽的花园，需要一个对它爱意满满的园丁在花园里精心地计划和仔细地打理。愿每一个热爱花园的您，都可以和花园四季相伴，看花开花落，感受时光荏苒，体会生命如歌。